养兰技艺一本就够

陆明祥 编著

海峡出版发行集团 THE STRAITS PUBLISHING & DISTRIBUTING GROUP | 福建科学技术出版社 FUJIAN SCIENCE & TECHNOLOGY PUBLISHING HOUSE

U0214525

图书在版编目（CIP）数据

养兰技艺一本就够 / 陆明祥编著 .—福州：福建
科学技术出版社，2020.1（2021.9 重印）

ISBN 978-7-5335-6012-6

Ⅰ．①养… Ⅱ．①陆… Ⅲ．①兰科－花卉－
观赏园艺 Ⅳ．① S682.31

中国版本图书馆 CIP 数据核字（2019）第 212538 号

书　　名	养兰技艺一本就够
编　　著	陆明祥
出版发行	福建科学技术出版社
社　　址	福州市东水路 76 号（邮编 350001）
网　　址	www.fjstp.com
经　　销	福建新华发行（集团）有限责任公司
印　　刷	福建新华联合印务集团有限公司
开　　本	700 毫米 ×1000 毫米　1/16
印　　张	14
图　　文	224 码
版　　次	2020 年 1 月第 1 版
印　　次	2021 年 9 月第 3 次印刷
书　　号	ISBN 978-7-5335-6012-6
定　　价	58.00 元

书中如有印装质量问题，可直接向本社调换

我的兰花缘（代序）

　　我的家乡江苏省靖江市位于长江中下游的苏中平原，这里并不产兰花。但靖江三面临江，水网密布，气候温和，非常适宜兰花生长。靖江养兰历史悠久，养兰之风盛行，苏北地区规模较大的兰园几乎都集中在这里，且兰花品种上乘，其中解佩梅的拥有量居全国之首。靖江人对兰花情有独钟，女孩儿起名喜欢带一个"兰"字，我的学生中用"兰"或"蕙"作名字的人很多，如兰英、兰珍、兰芳、若兰、蕙芳、蕙芬、蕙琴等。

　　我真正认识并爱上兰花是在1990年秋天。那年，我调至一所乡村中学工作，不久即逢重阳节，我去看望一位90高龄的离休老教师侯先生，刚进客厅就闻到一股清香，原来有一盆盛开的素心建兰放在客厅香案上。我和侯老的话题也就围绕着兰花展开。老先生学识渊博，喜爱花草，说起兰花，滔滔不绝，不仅讲了兰花的"色、香、姿"，还讲了有关兰花莳养方面的知识。自此，我对兰花有了初步的认识。

　　1997年，我调至省职高工作，学校离家很近，空闲的时间相对而言多了，加上我家祖传的宅院很大，很适宜养兰花，于是我在花市买了一些下山草回家种。1999年春，中国兰花博览会在无锡锡惠公园举办，我慕名前往参观，在这里我第一次见到了许多风姿绰约的兰花，也第一次购到了四喜蝶、月佩素及

● ｜金奖解佩梅

碧龙玉素等兰花名种。后来，又在兰界前辈刘鲁平先生处引进了解佩梅、崔梅、端蕙梅等蕙兰名种，像模像样地养起了兰花，并为我的兰苑起了一个雅号——"毓秀兰苑"。

此后，我越发对兰花着迷，于是四处寻访兰花名种。

——一次赴杭州，其时天色已晚，大雨如注。我决然要去绍兴金定先家看兰花，至金家时已晚上9点，那是我第一次见到拥有这么多兰花的私家兰园，久久不肯离去……最后不仅自己倾囊而出，连同伴口袋里的钱也掏了出来，购得老极品、庆华梅和温州素3个品种。为了不影响次日工作，又连夜往靖江赶，到家时已晨曦初露。

——一次在云南旅游，我无心观赏云南的如画风光，一心想看云南的兰花。在丽江，同伴都去欣赏丽江古乐，我一人在宾馆大厅徘徊，寻找能带我出去看兰花的人，直至晚上9点终于找到了一个小导游，答应带我去她家看兰花。到她家后方知她爷爷是丽江地区兰花协会的理事长杨振华先生，杨老见是远方的兰友深夜造访，慷慨地转让了2苗大雪素，令我欣喜若狂。

……

一次次觅兰经历，就是一个个与兰结缘的故事。精诚所至，金石为开。一些春蕙名种如朵云、程梅、关顶、大叠彩、蜂巧梅、绿牡丹、五福蝶、玉麒麟等陆续在毓秀兰苑安家落户。

兰花，令我心仪神往，

● 特别金奖朵云
● 满园青翠的兰花

更令我牵肠挂肚。每天早上起床，我边穿衣边进兰房，下班回家不管多晚也要到兰房看一看。浇水、施肥、防病、治虫、遮阴等日常养护工作从不懈怠，精心呵护。凭着对兰花深深的爱，凭着我的勤奋好学，更凭着毓秀兰苑得天独厚的自然条件，我养的兰草高大苗壮，叶色油亮，叶幅宽阔，人见人爱。看着满园青翠的兰花，我曾满怀欣喜地写下了一首《毓兰》诗：

● | 金奖大叠彩

人间果真有兰迷，情同伴侣两相依。

清晨洒水恐口渴，傍晚施肥愁肠饥。

防病治虫盼安康，遮阳挡雨望俏丽。

满园青翠酬知音，兰欢蕙畅秋翁怡。

　　功夫不负有心人。毓秀兰苑自2003年参加兰博会以来，先后获得12枚金牌、19枚银牌、26枚铜奖，还获得一个"特别金奖"，真是天道酬勤！如今，登门赏花购兰者络绎不绝。

　　为了种好兰花，我广阅兰著，努力把理论知识和养兰实践结合起来，并写下了点点滴滴的艺兰心得，在有关兰花杂志和网站发表。现应出版社之

● | 毓秀兰苑在中国（南京）首届蕙兰博览会获两个金奖

• 3 •

邀，将平时的点滴感受整理编著成书。愿此书能成为广大兰花爱好者的知心朋友，能为兰友们种好兰花提供一点帮助。

在本书编写过程中，我借鉴了前人积累的经验，采用了有关专家的研究成果和名品照片，在此谨向他们表示衷心的感谢！

书稿写出来了，每看一遍都做了不少修改。书中不当或错误之处难免，恳请见谅。祈望各位兰友不吝赐教，共同切磋，以使我们的艺兰水平更上新台阶！

陆明祥

目 录

管理养护篇

促芽增苗篇

催蕾护花篇

目 录

◇兰花特性篇◇

一、兰花主要种类

广义的兰花，是兰科植物的总称，是多年生草本植物。兰科家族庞大，是高等植物中最大的科之一，全世界约有700属20000余种，主要产于热带、亚热带地区。其中中国有174属约1200种之多，主要分布于江苏、浙江、云南、贵州、四川、广东、广西、福建、台湾、安徽、河南、湖北、陕西、江西等地。

兰花有洋兰和国兰之分。

洋兰兴起于西方，受西洋人喜爱，故称洋兰。洋兰大部分原产于热带，故又称热带兰。洋兰并非都是产于国外，也有中国产的。洋兰的种类很多，如蝴蝶兰、兜兰、大花蕙兰、卡特兰、石斛兰、文心兰、万代兰等。洋兰花朵硕大、形态奇特、色彩艳丽，但洋兰大多不具香味。

● 形态奇特的兜兰

● 花形美丽的卡特兰

国兰是指中国传统栽培的兰花，为兰科兰属中素雅、清香的地生兰，只是兰科植物中很小的一部分，主要有春兰、蕙兰、建兰、春剑、莲瓣兰、墨兰和寒兰等。

在我国，通常人们所说的兰花，多指国兰。

（一）春兰

　　春兰又称草兰、山兰、朵香。春兰植株较小，叶片常4～5枚集生，较细狭，呈带形，一般长20～35厘米，宽0.5～1厘米，半直立，叶端渐尖，叶缘有明显细锯齿。假鳞茎较小，呈球状，肉质根较细，白色，直径约0.4厘米。花期从12月至次年3月中旬。花葶直立，高6～25厘米，大多开一朵花，少数开双花的称为"并蒂兰"，寓意吉祥。春兰花朵规范端正、形体较大、神气十足，花朵展径一般4～6厘米，大者可达8厘米。花色丰富多样，通常以绿色和黄绿色为主，亦有紫色、粉红色、黄色、白色等，唇瓣上有紫红色条纹或斑点，也有绿色中透紫红色者。多数春兰具芳香，人称幽香。我国的春兰主要分布于江浙地区，河南、湖北、安徽、云南、贵州、四川、广东、广西和台湾等地也有分布。

　　春兰栽培历史悠久，早在2400年前就有"勾践种兰于渚山"的记述。春兰分布范围广，资源最丰富，选育园艺栽培品种多，近年新品、精品不断涌现，深受广大兰花爱好者喜爱。

● 春兰(西神梅，品芳居摄)

（二）蕙兰

　　蕙兰又称蕙花、九华兰、九节兰、九子兰，四川俗称芭茅兰，云南俗称火烧兰，简称蕙。蕙兰株体一般较高，叶片长阔，叶面粗糙，叶5～13片集生，长35～80厘米，宽0.5～1.5厘米，叶片脉纹粗而凸显，叶缘锯齿明显而较粗。蕙兰假鳞茎不明显，根白色，粗壮发达，直径0.5～0.7厘米，长20～40厘米，偶有分枝。花期在3～5月间，故又称夏蕙或夏兰。蕙兰花葶长而直立，梗径粗者达1厘米，细者如线香，高30～60厘米，齐叶架或出叶架。一般着花5～12朵，花朵展绽直径5～8厘米。花色大多为浅黄色或绿色，苞壳色泽较丰富。主侧萼近乎等长，捧瓣变化多端，舌瓣发达，舌瓣上有绿丝绒苔，上缀许多紫红色点块。每朵花小花柄的基部有一兰膏,味甘醇。花有幽香。

　　蕙兰分布较广,但以原产江浙一带的最佳,其他地区如安徽、河南、湖北、陕西等地也有分布,但香气要逊一些。蕙兰比较耐寒、耐干、喜阳,蕙兰原产地海拔较春兰高,引种难度也较春兰大。

　　蕙兰栽培历史与春兰相同,至少已有2000多年历史,江浙蕙兰有不少传统优良品种,特别是新、老八种广为流传,近年来又发现了不少新品精品,备受国人喜爱。蕙兰在日本、韩国也广受欢迎。

(三)春剑

　　春剑又称草剑。株型高大,4～10片叶丛生,叶宽1～1.2厘米,叶长30～70厘米。叶片剑形,叶面粗糙,边缘有细锯齿,先端渐尖,中脉明显后凸,直立性强。春剑根系粗壮,根直径0.5～0.8厘米,根长20～30厘米。假鳞茎较小,呈球形,直径0.8～1.0厘米。花期1～3月,3月上中旬盛花期,花葶圆柱形直立,高20～35厘米,直径0.3～0.5厘米,一葶着花2～5朵。花朵直径4～8厘米,花色丰富多彩,有淡绿、粉红、紫红、褐绿、褐紫等多种颜色,以黄绿色居多。萼片和捧瓣质地较薄,呈半透明状,且具有明显脉纹,唇瓣长而卷,呈白色或浅黄色。幽香较好。

　　春剑主要产于四川,云南和贵州亦有分布。春剑曾被看作是春兰的一个变种,后被定为一个独立的种。近年来春剑新品、精品迭出,越来越受兰友喜爱。

(四)莲瓣兰

　　莲瓣兰又称小雪兰。叶6～7片集生,细狭,长40～80厘米,宽0.4～1.2厘米。叶片主脉两侧各有一条平行侧脉,侧脉明亮;在侧脉与主脉之间、侧脉与叶缘之间,还有两条次侧脉,但不明显。莲瓣兰叶片润而光亮,叶缘有锯齿。叶质细腻,

● | 蕙兰(江南新极品,胡钰摄)

● | 春剑(天府荷,胡钰摄)

● │ 莲瓣兰 (心心相印)

富弹性，斜上生长5～6厘米后逐渐弯曲下垂，叶片基部合抱对折呈"V"形。株型紧凑。莲瓣兰根系粗壮，直径在0.5厘米以上，叶片长20～30厘米。假鳞茎较小，呈球形，直径0.6～1.0厘米。一葶着花2～5朵。萼片具脉纹7条，捧瓣亦有脉纹，唇瓣下宕反卷。花期1～3月。花幽香，花色鲜丽丰富，以白色为主，藕、粉、红等色亦常见。莲瓣兰仅在我国云南西部和台湾高山地区有原生种。莲瓣兰曾被看作是春兰的一个变种，后来被定为独立的种。

莲瓣兰栽培历史较久，早在元末明初，大理点苍山一带就特别崇尚兰花，养兰之风盛极一时。大理国末代王族段功的长女段宝姬养兰自娱，自号兰室居士。1412年，云南大理白族文人杨安道为段宝姬兰苑中的38种名兰立谱，写成《南中幽芳录》，由民间抄录、流传至今。

近年来莲瓣兰新品、精品不断涌出，尤其是荷瓣、蕊蝶、奇花繁多，受人瞩目。

（五）建兰

建兰通常称四季兰，又称夏兰、秋兰、骏河兰，叶2～6片丛生，叶姿大多为直立或斜立，个别品种微垂呈半弓形。建兰叶宽1厘米左右，长25～60厘

● │ 建兰 (福州荷出艺)

米，呈带形，色绿，有光泽，柔软，叶缘无锯齿。假鳞茎较大，呈椭圆形，长约2.5厘米，宽约1.5厘米，根白色，长10～25厘米，直径0.3～0.5厘米。花期从夏初（5月）起至寒露（10月）止，其间能多次开花，故称之为四季兰，其中有的花开得早被称为夏兰，有的开得较晚被称为秋兰。花葶挺拔，常低于叶面，高25～35厘米，着花4～6朵。建兰花瓣较宽，花径4～6厘米，大多形似竹叶状，也有梅瓣花、荷瓣花。苞片基部有蜜腺，花葶和花瓣大多为淡黄绿色，唇瓣下宕反卷，上缀有暗紫红点块。花清香。

建兰产地较广，我国北纬30°以南的山林间皆有，一般群生于海拔300～400米的混交林中。主要产于我国福建，故名建兰，广东、广西、海南、台湾、江西等地亦有分布。由于建兰产地广、资源丰富、适应性强、生长健壮、栽培较易，故栽培较广。

建兰在我国栽培历史较早，至少在隋唐时就已经作观赏栽培，我国传世最早的兰花专著《金漳兰谱》，是南宋的赵时庚所作，书分五章，介绍了产于漳州、泉州等地的32个建兰品种，并叙述兰花的品评、种植和灌溉等方面的经验。

由于建兰在我国栽培历史较为悠久，因而优良品种甚多，近年新品种层出不穷，且均有甜香清气，故广受兰友喜爱。

（六）寒兰

寒兰也称冬兰，叶3～7枚丛生，直立性强，长35～70厘米，宽1～1.8厘米，叶缘多无锯齿，仅少数品种在近顶端有细齿。叶色绿带光泽，叶质较软，叶脉较明显。寒兰假鳞茎较大，呈椭圆形，长3～3.5厘米，宽1.5～2厘米，根白色，直径0.3～0.5厘米。花葶细而直立，与叶面等高或高出叶面，花疏生，着花8～15朵。花色丰富。萼片长约4厘米，宽0.4～0.7厘米；捧瓣短而宽，中脉紫红色，唇瓣发达，色彩艳丽，有鲜艳斑点；有2条平行褶片。寒兰香气浓郁，长达月余。寒兰花期因地区不同而有差异，自7月起就有花开，但一般集中在11月至翌年1月。寒兰因花葶花色不同，分青寒兰、紫寒兰、红寒兰和青紫寒兰等类型。寒兰主要分布在福建、浙江、江西、湖南、广东、广西、云南等地，日本亦有分布。

●｜寒兰（吴立方摄）

寒兰在我国栽培历史较长，但由于栽培难度较大，繁殖率低，因而普及程度不高，传统名品不多，历史记载较少。寒兰株型文雅，花朵秀逸，香气浓郁，而受到欢迎。近年来新品日渐增多。日本、韩国亦有不少寒兰爱好者。

（七）墨兰

墨兰又称报岁兰，叶片宽阔而亮丽，2～5片叶着生于假鳞茎上，一般宽达

● 墨兰（双美人）

2～3厘米，长25～100厘米；呈剑形，直立性强，上半部向外披散，叶缘无锯齿。墨兰假鳞茎较大，呈椭圆形，长2.5～3.5厘米，宽2.0～2.5厘米。根白色，略带棕色，直径0.4～0.6厘米，长20～40厘米。花葶直立，高出叶架，着花5～20余朵，花朵展绽直径2.5～5厘米。花苞衣较小，基部有蜜腺，萼片和花瓣通常较狭，花色多呈浅紫褐色，缀有5条深紫褐色条纹。唇瓣下垂反卷，上缀有紫红色斑点。花期自晚秋至翌年3月，少数在秋季开花。花期在春节前后的称报岁兰，花期在秋天的称秋榜。墨兰的香气具甜香或淡香（近似檀香）。

墨兰生长于我国北纬26°以南的福建、广东、广西、台湾、云南、海南、四川和贵州南部等地。墨兰在我国栽培历史悠久，观赏始于明代，叶艺、花艺品种多。

二、兰花形态特征

兰花属多年生草本植物，和所有的高等植物一样，也是由根、茎、叶、花、果等部分组成。

（一）根

兰花的根从兰花假鳞茎基部长出，数量不等，多条丛生；根为肉质，无根毛；

● 兰花的根（蕙兰）

新根为嫩白色，老根呈灰白色，裸露在空气中的根呈青绿色。主根一般无支根，个别品种（如蕙兰、墨兰）偶有支根生出。兰根为圆柱形，横断面为圆形，健壮兰根的顶端有明显的根冠，白色透亮，俗称水晶头。

兰根的功能主要有两点：一是吸收和贮存水分和养料；二是固定兰花植株，不致移动和倒伏。

兰根的粗细和长度视兰花的品种不同而不同。一般来说，蕙兰、春剑、莲瓣兰的根要粗一点，长一些；春兰、建兰、寒兰的根要细一点、短一些。

　　兰根的结构可分为外层、中层和内层。外层是包围兰根的根皮组织，主要起着保护皮层组织，吸收和保持皮层内部水分的作用。中层是皮层组织，细胞比较发达，起贮存水分和营养的作用。内层为兰根的中心梗（俗称根芯），黄白色，直径约0.1厘米，不易折断，主要功能是加强根的强度，起输送水分和养分的作用。肉质的兰根有很强的储水性，所以兰花浇水不宜过勤，否则易烂根。

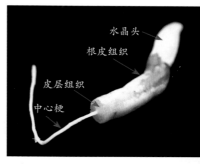

水晶头
根皮组织
皮层组织
中心梗

● ｜ 兰根的结构

（二）茎

　　中国兰花的茎是变态茎，在根和叶的连接处膨大而短缩成为假鳞茎，俗称芦头。假鳞茎由10多个茎节组成，兰花的种类不同，假鳞茎的形状也不一样，有圆形、扁球形、卵圆形等。兰花的种类不同，假鳞茎的大小也不同，如墨兰的假鳞茎较大，春兰的假鳞茎要小一些，蕙兰的假鳞茎更小。假鳞茎上有节，每一节上都生着一片叶或鞘叶，所以假鳞茎为叶片或叶鞘包围。假鳞茎的外层为角质层，能防止水分的散失。假鳞茎的内层由许多细胞组成，是贮存水分和养分的"仓库"。细胞内分布着许多维管束和纤维组织，是输送水分和运输养分的通道。假鳞茎是发芽、生根、长叶、开花的载

● ｜ 兰花的假鳞茎

 老兰家说　　**什么是龙根**

　　兰花种子自然萌发形成的根状茎俗称龙根，由龙根上生出的实生小苗称为龙根苗。假鳞茎和假鳞茎之间的连接茎称地下茎，有的较长，使兰株间形成"马路"。也有人称此种地下茎为假龙根。

● ｜ 龙根与龙根苗（万云坤摄）

体，兰花的叶片生长在假鳞茎的顶部，每节一片叶；兰花的肉质根直接着生在假鳞茎的基部，花芽和叶芽都着生在假鳞茎基部根颈处的节上。新芽长成后，基部又膨大成一个新的假鳞茎，所以兰花的假鳞茎是相互连接的。

较老的假鳞茎在失去叶片后称为老芦头。由于假鳞茎是贮存水分和养分的器官，因而老芦头体内仍有营养，仍可继续萌芽，繁殖后代。

（三）叶片

兰花的叶片是兰花制造营养物质的重要器官，也是兰花进行蒸腾作用和呼吸作用的主要器官。

兰花的叶片分常态叶和变态叶两种。

从假鳞茎上簇生出的叶称为常态叶，又称完全叶。我们通常所说的兰叶是指常态叶。国兰的常态叶呈狭带形，故又称细叶兰。叶片通常呈2列排列，只有新的假鳞茎才能生长出新叶，老的假鳞茎是不能再长新叶的。叶片无明显叶柄，革质常绿，叶缘有的无锯齿（如寒兰、墨兰），有的有细锯齿（如春兰）或粗锯齿（如蕙兰），叶面为墨绿色或淡绿色，叶稍尖或钝。叶面有平行脉和中脉，向叶背部凸出，叶脉具有一定的强度和韧性，支撑兰叶向上着生，不致倒伏。叶片在假鳞茎上簇生，组成叶束，兰界俗称为筒。每筒兰草的叶片数因兰花种类的不同而不同：春兰每筒3～5片叶，建兰2～4片叶，蕙兰则可多达10片左右。兰花叶片的形状亦因种类不同而不同，如蕙兰、春剑叶片较长，春兰、建兰叶片较短；墨兰、春剑叶片较宽大，春兰、蕙兰叶片较窄；蕙兰、寒兰

● | 立叶（金岙素）

● | 兰花的常态叶（绿牡丹）

叶端较尖，墨兰、建兰叶端较钝；春剑、建兰叶面平展，春兰、蕙兰叶面内凹；建兰、寒兰叶面平滑，蕙兰、春兰叶面毛糙等。叶片的生长姿态也多种多样，有立叶，如金岙素；有半立叶，如龙字；有半垂叶，如宋梅；有垂叶，如大一品；有扭曲叶，如绿云；有肥环叶，如大富贵；有短壮叶，如环球荷鼎。还有水晶叶，大多出现在墨兰中。此外，还有叶艺，即叶片上因变异出现白色、黄色、红色的条纹或斑点等。叶艺是近些年从日本、中国台湾等地传播到中国大陆的赏兰新热点。

●｜半立叶（龙字）

●｜半垂叶（宋梅）

●｜垂叶（大一品）

●｜扭曲叶（绿云）

●｜肥环叶（大富贵）

● | 短壮叶（环球荷鼎）

● | 水晶叶

● | 叶艺（达摩）

包在花茎上的叶由于退化变成膜质鳞片状，故称为变态叶，又称不完全叶或苞叶（苞衣、壳）。不完全叶的主要功能是起保护花蕾的作用，也能进行光合作用。

（四）花

花是兰花最美丽的部分，是人们欣赏兰花的主要部位，也是兰花的繁殖器官。

兰花花朵的结构比较简单，花朵着生在花葶上，排列成总状花序，每朵花均由花萼（外三瓣）、花瓣（内三瓣）和蕊柱组成。

1.花葶

花葶又称花莛，俗称花箭，从假鳞茎中部的节上生出。一般情况下，1个假鳞茎上只长1枝花葶。花葶包括花序和花轴两个部分。

花序是指花朵在花轴上部有规律的排列方式。兰花的花序为总状花序，即花轴长而不分枝。兰花花序直立生长，高出叶面，俗称出架。

● | 兰花花朵各部分名称（宋梅）

花轴又称花梗、花秆、花茎，是花葶的主轴。花轴以细而浑圆的灯草梗为贵，高度以出架为优。

花轴上着生小花柄（即子房），花柄上着生花朵，花朵数依兰花种类不同而异：春兰一般为1朵，少数为2朵；蕙兰为9朵左右；寒兰、墨兰着花数较多，而春剑、莲瓣兰为2～5朵。花朵开放时，由下而上，陆续开放。

 **老兰家说**　　鉴别花梗优劣的依据是什么

（1）出架。出架与否是鉴别花品优劣的标准之一，如建兰"贵在出架"；春兰以"出架为优"，如果瓣形非常出色，如绿云、翠盖荷等则另当别论；蕙兰以"花大秆高为优"。

（2）颜色。花梗的颜色依兰花品种的不同而不同，有绿梗、紫梗，兰界常依梗的颜色定兰花的品位，如《广群芳谱》上说："紫梗青花为上，青梗青花次之，紫梗紫花又次之，余不入品。"

（3）粗细。花梗以细圆为上品，木梗较次，但赤蕙却以梗粗直者为好。

花朵的花柄基部与花轴相连的地方都有一枚紧贴花柄的苞叶叫箨，俗称贴肉苞衣，蕙兰称小苞衣，它的功能主要是对花朵起保护作用。

2.花萼

花萼是指兰花花朵外轮的三片花瓣，又称外三瓣或萼片。萼片的形状决定兰花品种的优劣，传统名种的梅瓣、荷瓣、水仙瓣主要是依萼片的形状来区分的。

在兰花的外三瓣中，中央竖直的一瓣称为中萼片，俗称主瓣。左右横向排列的两瓣称为侧萼片，俗称副瓣。副瓣横向着生的形态称为肩，肩是展现兰花神韵的重要部分。

● 兰花的花葶（老极品）

● 出架（荡字，吴立方摄）
● 蕙兰箨（程梅）

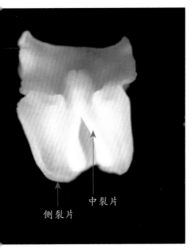

中裂片

侧裂片

● | 唇瓣中裂片、腮（桃腮素）

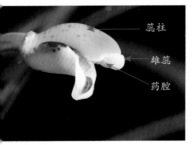

蕊柱

雄蕊

药腔

● | 兰花的蕊柱

● | 用种子繁殖的科技草

3.花瓣

花瓣是指兰花花朵的中间一轮，由捧瓣和唇瓣组成。捧瓣即内三瓣中合捧着蕊柱的2片小花瓣，也称捧心。唇瓣俗称"舌"，位于蕊柱下方。唇瓣是兰花最漂亮的花瓣，唇瓣上半部常有三裂片，中间的裂片称中裂片，两侧的称侧裂片，俗称腮。

4.蕊柱

兰花最里边的一层，俗称鼻。鼻呈柱状体，以小而平整、不撑开捧瓣为好。鼻是兰花的繁殖器官，由雄蕊和雌蕊合在一起组成，它是兰花蕴藏香气的香囊，也是兰花的繁殖器官。蕊柱一般为黄绿色，稍向前弯曲，顶端为雄蕊，外有花粉盖，又称药帽，内有花粉室，含有花粉块。兰香即由此溢出。蕊柱顶端稍向里有一凹洞，称为药腔，内有柱头即雌蕊，腔内有黏液，黏液起捕捉花粉的作用，柱头必须接触花粉才能完成授粉。

（五）果实

兰花的果实为蒴果，俗称兰荪。兰花的雌蕊（即柱头）受粉后花瓣凋谢，子房逐渐发育膨大成棒槌状，深绿色，有3条或6条棱，呈三角形或六角形。果实经6～12个月成熟，果皮转黄绿色，直至褐色，成熟后的蒴果自行开裂，种子溅出。

每个蒴果内的种子数目庞大，多达几十万乃至数百万之众。兰花种子细如灰尘，随气流或水流飘荡传播，在适宜兰花种子萌发的地方落户生长。由于兰花种子的胚发育不完全，加上缺乏胚乳，所以兰花的种子发芽力极低，在常规条

● | 兰花果实

件下播种基本不能萌芽，故普通养兰人均不作播种繁殖。只有具备一定条件的科研机构才能利用种子繁殖兰花。

三、兰花生长习性

在我国，野生兰花都生长在特定的环境中，它们主要分布于西起秦岭，向东一直延伸到长江流域以南各省区，即相当于南温带、北亚热带、亚热带、南亚热带以至热带北缘的广大地区。中国兰花生长在这个分布区的特定环境中，受到该地区特定自然环境的影响，形成了适应这些自然环境的生态习性。这些生态习性主要包括阳光、温度、空气、水分、土壤、肥料等几个方面。正确认识兰花的生长习性，是提高兰花种养水平的前提。

（一）喜柔光，忌烈日

中国的野生兰花生长在亚热带和温带的针叶和阔叶混合生长的林下或林缘。在这样的环境下，当夏季阳光强烈时，树冠为兰花提供了必要的荫蔽条件，遮挡了强烈阳光的照射，兰花接受的大多是星星点点的散射光，光照比较柔和。冬季树叶落了，但太阳南移，角度变小，即使直射阳光也很柔和。兰花在这样的光照条件下形成了对光照要求不高，喜柔光、喜半阴的生长习性。

在密不通风的纯常绿阔叶林下，由于光线过暗，没有兰花生长。由此可见，兰花不能没有阳光，因为阳光是兰花制造养分的能量来源，是兰花生长发育必不可少的条件。没有阳光，兰花不能进行光合作用，也就不能维持生命。同时阳光中的紫外线也能杀死病菌，有效地遏制病菌的滋生，有利于兰花健康生长。

不同的兰花品种对光照的要求不同：建兰、蕙兰比较喜光，荫蔽度以60%左右为宜；春兰要求阴一点，荫蔽度以70%左右为宜；墨兰喜阴，荫蔽度以80%左右为宜。

光照的强弱对兰花叶质、叶色、发芽、开花都有一定的影响。一般来说，光照强，叶质硬；光照弱，叶质软。光照强，叶色淡；光照弱，叶色深。光照强，叶芽少；光照弱，叶芽多。光照强，花苞多；光照弱，花苞少。若没有必要的光照条件，兰花植株即使生长旺盛也很少开花。

兰花在不同生长季节，对光照的要求也不一样。一般来说，夏季因阳光过强，温度过高，必须遮阴；冬季因阳光柔和，温度较低，可接受全日照。

由此可见，兰花喜柔光、喜半阴而忌烈日、忌强光。

（二）喜温暖，忌酷热

兰花是一种喜温暖、怕寒冷的植物，我国兰花绝大多数分布于热带、亚热带地区，只有少数品种（春兰、蕙兰）产于温带地区，纬度较高的黄河流域以北地区很少见到兰花。由此可见，兰花需要生活在一定的温度范围内，才能正常生长发育。

在夏季高温酷暑时节，外界气温高于38℃的情况下，在兰花生长的深山老林中，由于荫蔽度较好，白天气温一般不会超过30℃；在冬季严寒时节气温低于0℃的情况下，由于兰花被落叶和积雪覆盖，地表温度仍不会低于0℃，可见兰花的适应性气温在0～30℃之间。一般来说，兰花在气温超过30℃时生长缓慢，低于0℃时兰苗会遭受冻害。

兰花对温度的要求，也因种类的不同而有不同。在我国分布相对偏北的春兰、蕙兰，由于生长在纬度较高、海拔较高、温度较低的地方，长期适应当地冬季寒冷的气候，因而耐寒性最强；如在南方种养，因春化不足，则很难开花或开不好。而分布相对偏南的建兰、墨兰，由于生长在纬度较低、海拔较低、温度较高的地方，因而耐寒性较差，在北方种养有一定难度。

（三）喜湿润，忌积水

水是兰花健壮生长最重要的条件，兰花的生长与土壤水分及空气湿度这两个因素密切相关。

兰花生长在林下厚厚的落叶腐殖质土层中，其根系横向分布，长度一般为15～20厘米。由于这一层土壤大多是未充分腐熟的有机质，因此一方面排水、渗水、透水性能良好，即使连续下雨也不会积水，另一方面保水、保湿性能也良好，即使连续干旱，植株也生长良好。在山林中地势低洼、渍涝的湿地是看不到兰花的，在土层不保水的地段也很少见到兰花踪迹。由此可见，兰花的正常生长发育需要适当的水分，保持土壤湿润十分必要。

兰花是比较耐干旱的植物，因为它有假鳞茎及肉质根贮存丰富的水分。它的叶片呈线形，有较厚的角质层和蜡质，气孔下陷并分布于叶背面，为单面蒸腾结构，有利于保持水分，减少散失；它的根、叶也能从空气中吸收水分。所以，兰花有较强的自我调节水分的能力和抗旱力，能适应暂时的干旱。

　　兰花是忌积水的植物。兰花的根是肉质根，如果水分过多，土壤积水，空气受排挤，肉质根会因呼吸受阻，缺氧而窒息，根细胞活力下降，引起根部腐烂。因此，兰花喜湿润、怕积水。栽培兰花要求土壤排水性能良好，切忌盆内长期积水，否则轻则焦尖、枯叶，重则烂根、植株死亡。

　　兰花是喜空气湿度较高的植物。兰花生长在林下，由于蒸腾作用，林中即使久未下雨，仍能保持较高的空气湿度。世代生长在这样环境里的兰花，形成了对空气湿度要求较高的生态习性。空气中水分的多少直接影响兰株蒸腾作用的强度，空气湿度越大，兰株丧失水分越少；相反，空气湿度越小，兰株丧失水分越多。当然，空气湿度也不宜太大，否则影响兰花的蒸腾作用，产生水害。一般来说，春兰、蕙兰要求空气中相对湿度在60%～70%，墨兰则需要达到80%～90%。而冬季兰花休眠期空气湿度可降至40%左右。

　　由此可见，兰花是喜干而畏湿、喜雨而畏潦、喜润而畏渍的植物。

（四）喜通风，忌污浊

　　空气中有十多种气体元素与植物生长有关，因此空气的流通和空气的质量这两个因素和兰花的生长是息息相关的。空气的流通即空气的流动和交换；空气的质量是指空气的新鲜、洁净程度，有无污浊有害的气体。

　　一般有兰花生长的森林中，树冠下植被稀疏，仅有少量灌木和茅草、蕨类等，通风状况良好。但是兰花喜欢微风吹拂，过分强的风力不仅会使叶片遭到机械损伤而折断，还会降低空气湿度，加速叶面蒸腾，造成土壤干旱，这对兰花生长是不利的，因而在山林中过分通风的风口很少见到兰花。

　　森林中空气清新，这样的环境有利于兰花进行光合作用和呼吸作用。

　　由此可见，兰花是好气性植物，喜清新的空气，喜欢微风吹拂，喜欢流动的新鲜空气。

（五）喜疏松，忌板结

　　土壤是兰花生存的基础，因为兰花的根就生长在土壤中。根是兰花最重要的营养器官，担负着吸收、运输、储存、合成等多种生理功能，兰根无时无刻不在吸收土壤中的水分和养料，以满足兰花生长发育的需要。只有土壤满足了兰根的生理需求，兰花才能正常生长。

在山林中，地生兰生长在林下厚厚的未充分腐熟的枯枝落叶层中，有机质非常疏松，其通风、透气、透水性能良好，所以植株生长良好。由于土壤疏松、排水良好，因而在多雨季节，多余的水分因重力作用从土壤的孔隙中流走，而土壤的团粒结构内部的孔隙中则充满了水分，被保留下来不致流失，并缓慢释放供兰花吸收。

经测定，山林中适宜兰花生长土壤的pH一般在6.0～6.5，呈微酸性。由此可见，兰花对土壤的要求是微酸性而忌碱性。

兰花要求疏松、排水良好、含腐殖质丰富的微酸性土壤。这是兰花长期生长在林下枯枝落叶层中形成的生态习性。相反，如果土壤板结，排水不畅，影响根系呼吸，会造成根系腐烂。如果腐殖质含量少，缺乏足够的营养，则影响肉质根的正常生长发育。

（六）喜清淡，忌浓肥

在自然状态下，兰花多生于富含腐殖质、基质疏松、排水良好的土壤中。林下的落叶层，由于透气性好，因而好气性细菌十分活跃，从而不断分解落叶枯枝，使之矿质化，并能缓慢地释放养分，供兰花吸收和利用，成为兰花稳定、持久不断的肥源，以满足兰花生长需要。同时，枯枝落叶被好气微生物矿化分解，也有助于真菌（兰菌）的产生。兰花的根一般与真菌共生，真菌穿入兰花根部，最后自身被兰花根部吸收，成为兰花的养料来源之一。

老兰家说　　什么是兰菌

兰根组织内和兰根周围生存着一种根菌，叫兰菌。兰根和兰菌相互依存，形成共生关系。兰根皮层组织的营养和水分为兰菌的繁殖和生存提供了必要的条件；兰菌能固定空气中的氮，兰菌侵入兰根的皮层组织内，它的菌丝体不断被兰花分解吸收，成为兰花健壮生长的养分。

长期生长在林下的兰花，所需养分基本上来源于下列3个途径：一是枯枝落叶经腐化分解的养分，二是吸收兰菌作为养分，三是吸收空气中的养分（气肥）。因此，兰花在林下生长不可能摄取太多的肥分，以致形成生长过程不需要太多肥料的习性。

◇ 环境改造篇 ◇

兰花原本生长在深山幽林中，地势高爽，无积水之忧；四周树木遮阴，无日晒之苦；林中空气湿度大，无干燥之患；山中空气洁净，无污染之害。因而，我们栽培兰花必须顺乎其天性，尽量满足兰花生长的需要，选择一个比较理想的养兰场所，模仿兰花的野外生态环境。

笔者的兰苑位于郊区农村，光照条件好，上午阳光普照，下午无太阳西晒；兰苑环境优美整洁，没有污染；兰苑旁边有河流，农田种水稻，空气湿度大；兰棚通风透气，能遮阳挡雨而又不郁闭。凡到过我兰苑的兰友都称赞我的兰苑不仅环境好，而且兰棚的构造也顺应兰花生态习性，适宜兰花生长。那么，该怎样选择和改造养兰环境呢？

● 自然环境下的毓秀兰苑

一、自然环境改造

在冬季寒冷地区，兰花在生长期间放在室外自然环境中，冬天则进室内避霜雪冰冻。所以，自然环境栽培兰花必须有两个场地：一是兰花生长期在室外露天培育的场所，即兰棚；二是冬季避霜雪的场所，即兰室。自然环境栽培为传统植兰方法，适宜规模不太大的兰花爱好者采用，常见庭院养兰。

（一）兰棚建造

用传统方法养兰，在自然环境条件下，兰花在夏秋两季生长期间均在兰棚度过。

（1）兰棚场地朝向的选择有讲究。兰棚场地以面朝东南或面朝东为优，因为这样的兰园可以晒到早上和上午的阳光，下午的阳光被西面高墙挡住，无西晒太阳之忧；以面朝东北为良，因为东北方可晒到朝阳及上午的阳光，而下午的西晒太阳也被挡住；以面朝南为中，因为这个朝向日照时间长，夏天温度高；以面朝北为差，因为这个朝向夏天背风，秋天又见不到阳光；以面朝西南、西和西北为劣，因为兰花在这样的环境下，晒不到朝阳和上午的阳光，而下午的西晒烈日又使兰花难以忍受，甚至有灼伤之虞。总的来说，一个良好的养兰场所的标准是：迎朝阳，避烈日；通风好，挡寒风；环境良，避油烟；水洁净，无污染。

（2）兰棚地面以泥地为好，走道可为砖地或煤渣地。忌浇成水泥地面，因为水泥地面阻碍湿气上升，没有地气，且水泥地面一经阳光照射，温度骤然上升，尤其是夏日高温季节，兰花受热浪蒸腾，影响生长。

●｜利于通风透气的不锈钢兰架

（3）兰架以不锈钢、铝合金、镀锌管为好。水泥板虽然经久耐用，但易吸热且不易散热，盛夏时节温度高，易使兰花遭受热害；同时高温天气下如果暴雨突然来临，雨后蒸发出来的热浪也会给兰花生长带来不利影响；况且水泥板通风性能远不如不锈钢等制成的兰架好。

（4）兰台最好采用平台式，以便于管理。兰台的宽度以1.5～1.8米为宜，高度以盆底离地面0.4～0.5米为好。这样的宽度和高度不仅便于兰花的管理操作，且通风透气，还能保湿。阶梯式摆放的兰盆虽然受光较好，但弊端较多：一是单位面积利用率低；二是管理不方便；三是上层的兰花浇水或施肥时，脏水会流到下层兰花的叶片上，这样既不卫生，也易传播病虫害。

（5）兰棚要有遮雨的设施。兰花淋雨一日尚可承受，不可以遭受连续几天的大雨，否则会烂根、烂芽、倒苗。遮雨的设施可以是篷布或塑料布。平时可以卷

●｜平台式兰架　　　　　　　　　　　●｜阳光板遮雨

起，以利通风和兰花接受阳光；下雨时拉开遮雨。也可以是固定的，一般情况下以阳光板为好。

（6）兰棚要有遮阴设施。一般来说，在兰台的上方搭建兰棚，上盖阳光板，既可挡雨，又可使阳光更加柔和。如遇30℃以上高温晴天，可在阳光板上面再拉一层50%的遮阳网。如兰台的上方未盖阳光板，则气温在25℃以上就需拉遮阳网，以确保兰花免受烈日之害。

（7）兰棚要有防盗设施。近年来，盗窃兰花的事件不断发生，常给兰友带来巨大损失，不得不防。一般可安装防盗栅栏，有条件的可安装报警及录像设施。如果养狗，最好养在栅栏外。如养在兰园内部，不仅狗会碰翻兰盆，而且狗尿狗粪污染养兰环境，散发难闻的臭气，实在不雅。

（二）兰室建造

兰室是在传统养兰方式时，兰花在室内过冬御寒的场所。江浙地区的传统做法是：立冬后，将位于室外晒不到太阳的兰花陆续搬进兰房；至大雪，所有兰花都需进房养护。来年惊蛰后，兰花逐步出房，先是没有花蕾的兰花出房，但夜间如果有霜，必须用遮阳网遮盖，以免兰花遭受霜害；至清明时节，所有兰花均需出房。兰花在兰室中生长的时间很长，达5个月左右，所以我们对兰室的位置和设施不可小觑。

（1）选好兰室的位置。兰室的位置以面朝南、朝东南为优，这样兰花可以整天晒到太阳；以面朝东为次，这样兰花只照到上午的太阳；面朝北为差，因为兰花晒不到太阳；以面朝西为最劣，因为下午的阳光不仅光质差，而且西晒致使兰室温度过高，不利于兰花冬季休眠。

（2）设计好兰室的构造。兰室的屋顶以玻璃和阳光板为好，塑料布为次。因为塑料布白天吸热快，温度高，夜间散热快，保温性能差，遇到低温天气，棚内温度低，易结冰，兰花易遭冻害。更何况塑料棚抗压程度差，遇到大雪容易倒塌，造成损失。

●｜兰室

●｜玻璃屋顶

　　兰室内地面以泥地为好。如为水泥地面则兰架下应设水槽，水槽可以用不锈钢板制作，也可以用镀锌铁皮制作，也可以用塑料布铺设，总之只要能贮水就好。水槽不仅能承接日常浇水漏下的脏水，不致污染地面，而且对提高兰室的湿度也可起到一定的作用。

　　兰室的南面、东面和西面应设长窗，这样不仅有利于兰室的空气流动，而且可以使兰花充分地接受阳光的照射。北面不设窗户，这样冬天可以挡住西北风，有利于兰室保温保湿。

　　（3）装备加温设施。兰室在数九寒冬、大雪冰封、气温过低时需要加温。一般来说，兰室的温度如果低于0℃，就可能要结冰，为防止冻害就要使用加热设备。加热的设备有如下几种：一是暖气管道，它散热均匀，不影响室内空气湿度，是最理想的加热装置；二是油汀，油汀外形和暖气片一样，它的优点也和暖气一样，具有散热均匀、不影响兰房的空气湿度、温度可以调节等优点；三是空调器、红外线取暖器、暖风机等，这些加暖设备缺点较多，如散热不均匀，空气干燥影响兰房空气湿度等。大面积兰室，可以用锅炉产生暖气，通过管道和散热片加热；中小面积兰室可用油汀加热。

●｜加热油汀

●｜不锈钢水槽

●｜暖风机

　　（4）装备通风设施。兰室要有通风设施，窗户要多，面积要大。只要是晴天，白天室外温度达2℃以上时，南面窗户就可虚掩；当室外温度达10℃以上时，即要全面开窗换气。有条件的可安装换气扇。

老兰家说　　**兰花在室内养护要注意什么**

一是要少浇水。兰花在室内植料可比在室外时稍干些，浇水时间宜在晴天中午前后进行。浇水后要开窗，让沾在植株上的水迅速被吹干。

二是要慎喷水。尽量不给兰株喷水，即使兰叶有少量灰尘也不要喷水，以免造成烂花、烂芽、烂心。

三是要防病治虫。温室内温度、空气湿度均比较高，病菌仍可能活动，并对兰花产生危害，因此防病治虫工作不可忽视。

（三）自然环境养兰优缺点

1.自然环境养兰优点

（1）通风情况好，兰草苗壮，有刚性，兰草叶片数量多，寿命长。

（2）室内和室外两个场地交替使用，病害相对较少，兰草健康，尤其是茎腐病、软腐病很少发生。

（3）光照条件好，易生花蕾。

（4）移植至其他环境后，存活率高。

2.自然环境养兰缺点

（1）自然环境养兰，兰草容易焦尖，尤其是蕙兰焦尖情况较为普遍。

（2）自然环境养兰，虫害较多，尤其是迁移性害虫如蚜虫、红蜘蛛、蓟马等可随风刮来，危害兰株。

（3）自然环境养兰，温度、空气湿度难以控制，因而发苗不如温室养兰发苗早，发苗的数量也不如温室多。

（4）自然环境养兰，冬天进房、春天出房，搬进搬出，费工费时，不适宜规模化种植。

二、现代化兰房建造

现代化兰房是指兰花一年四季均在室内培养，能控制温度、空气湿度、光照和通风的兰室。

● 可调控温湿度的现代化兰房

（一）现代化兰房朝向选择

现代化兰房有建在屋顶的，也有建在地面的。一般来说，以面朝东南为优，面朝东、南为良，朝东北为次。而朝西、西南、西北方向建的兰房，夏不能阴凉，冬不能休眠，因而为劣。

（二）现代化兰房结构与装置

（1）兰房结构。现代化兰房以东面、南面和西面用铝合金窗为好，夏天卸下，冬天装上。其中西面窗户用阳光板，可以降低西晒太阳的烈度。北面以墙体或保温材料为好，如用窗户最好用双层，以防御冬季冷风的侵袭。

（2）地面设置。地面以能吸水和蒸发水汽的泥土地面为好。如是水泥地，兰架下宜设水池。

（3）通风装置。兰房内应有换气扇、吊扇或排风扇，时时更换室内空气，确保空气清新洁净。

（4）加热装置。兰房内还应有加热装置，以备冬天大雪冰封时加温所需。

（5）增湿装置。兰房内应有增湿装置。小型兰房有加湿机就行。规模较大的兰房可设水帘，但不能频繁启动，空气湿度也不能太大，水不能循环使用，以免引起病害。

（6）降温装置。兰房应有降温装置，一般安装有水空调器、水帘及喷雾设备等。

（7）遮阴装置。兰房应有遮阴设施，一般设两层遮阴网：一层设在兰房内部，供温度在25℃以上时使用；一层在兰房上方，供盛夏时节温度高于30℃以上时再加一层之用。

● 水帘

● 遮阳网

（三）现代化兰房养兰优点与难点

1.现代化兰房养兰优点

现代化兰房适宜于养兰规模较大者。有很多优点：

（1）现代化兰房冬季温度有保障，能有效防御霜雪冻害。

（2）现代化兰房全年温度可以控制，可延长兰花生长期，发芽早，普遍可生二代草，有效地提高了兰花的发芽率。

（3）现代化兰房空气湿度大，兰草高大且普遍封尖。

（4）现代化兰房光照充足，容易起蕾开花。

（5）较传统种法的优点是省却春天搬出、冬天搬进的劳苦。

2.现代化兰房养兰难点

（1）通风较差。通风差是现代化兰房的显著弱点，其原因：一是养兰者担心开窗会降低兰房内空气湿度；二是冬天时担心开窗会让冷空气进入，使兰房内温度下降；三是夏季时担心室外温度高，开窗会使兰房温度更高。结果室内空气混浊，病菌蔓延。为此，兰房要多设换气扇，经常开窗换气，让兰花沐浴在新鲜空气中。

（2）空气湿度太大。一般情况下，兰房内的空气湿度已经大于自然环境。夏天为了降温和提高空气湿度，频繁地起动水帘、加湿机，这对降温增湿确实起了很好的作用，但另一方面也为病菌的繁殖和传播创造了条件，致使室内养兰死亡率较高。因此，一定要控制兰房的空气湿度。

（3）容易发生病害。病菌通常在温度超过20℃以上时开始危害兰草。自然环境下养兰温度超过20℃的时间为5～9月，只有5个月时间，而现代化兰房，温度超过20℃的时间为3～11月，长达9个月之久。所以温室内病菌滋生、蔓延，危害的时间相对也较长。如通风差、空气湿度大，病菌繁衍的速度会加剧，使得温室内病害肆虐。因此，一定要加大对病害的防治力度。

（4）温度太高。大多数兰房使用玻璃屋顶和玻璃长窗，兰房受光面积大，白天温度高，这在晚秋和早春，可提高温度，对延长兰花的生长时间和提早发芽有明显的优势；但晚春至中秋，因光照太强，室内温度显著上升，这对兰花生长不利，盛夏季节还易引发病害，因此要采取降温措施。

上述4点是现代化兰房养兰的难点，其中关键的是要加强兰房内的通风。只有加强通风，才能从根本上解决这四大难题。如果解决了上述4个问题，现代化兰房养的兰花同样可以健康生长，并长成苗壮的大草。

三、阳台环境改造

在城市，不少兰花爱好者只能在高楼上狭小的阳台上种兰。阳台养兰，相对于庭院养兰来说要困难得多，但只要我们将阳台做适当改造，在品种选择、盆具选用、植料配制、光温控制等方面多动脑筋，营造出一个适宜兰花生长的小环境、小气候，兰花照样能花繁叶茂。

（一）阳台朝向选择

兰花爱好者要选择最适宜于养兰的阳台方能养好兰花。以南向、东向、东南向阳台为好，是理想的场所。东北向阳台光照稍嫌差些，宜养稍耐阴的兰花。北向阳台光照不足，只能种养很耐阴的兰花。最不适宜养兰的阳台有西南向、西向和西北向阳台，早晨和上午柔和的阳光照不到，夏天下午西晒烈日躲不掉，冬天寒风凛冽吃不消，难以改造，管理难度也较大，一般不宜养兰。此外，楼层较高的阳台，风力大，空气干燥，对兰花生长不利。

兰花爱好者在选购住房时，不仅要选择楼层稍低、面积稍大的阳台，而且要特别注意阳台的朝向。

（二）阳台环境改造措施

阳台养兰最突出的问题有4个，一是空气湿度太低，二是光照过强，三是面积嫌小，四是安全性差。因而要对阳台进行下列几方面的改造。

（1）封闭阳台。阳台风力大，空气湿度低，这是阳台养兰最大的弊端。只有封闭阳台，才能挡住狂风和暴雨的侵袭，营造较高的空气湿度。封闭阳台最好用铝合金，封闭性能好，冬季能保温。

（2）安装栅栏。阳台养兰，隐蔽度差，安全性也差，要安装防盗栅栏：一是起防盗作用，二是防止兰盆下掉砸伤楼下行人，三是便于安装遮阳网。

（3）设遮阳网。阳台光照强，温度高，必须架设遮阳网，遮阳网可用双层50%的。一般情况下用一层，光照强烈时用两层。笔者不主张养藤蔓植物，因为藤蔓植物遮光不均匀，而且藤蔓植物无法调节和控制光照度的强弱，此外藤蔓植物易招引害虫。

（4）制作兰架。阳台养兰，兰盆不宜放在地面上，要制作兰架。制作兰架要注意几点：一是兰架宜用铝合金或不锈钢制作，因为重量较轻，也较牢固；二是兰架要制成平台式，便于管理；三是兰架最好双层，能多放几盆兰花；四是兰架大小适中，便于移动，最好安装轮轴，便于夏季和早秋避阳，冬季见光；五是兰架下面要设水盘。

（5）添置设备。由于阳台面积较小，设备体积宜小一点。主要设备有下面几种：一是换气扇，主要用于更换新鲜空气和降温；二是贮水桶，用于贮存自来水和配制肥液；三是小水泵和浇水器，用于浇水和施肥；四是温度湿度计，用于观察和掌握兰室的温度和空气湿度；五是加热器，于天寒地冻时加热用；六是小型弥雾机，用于提高空气湿度。

● │ 安装栅栏

● │ 阳台上的兰架

老兰家说　　**阳台养兰小窍门**

　　阳台兰花浇水，易把阳台搞脏，有时脏水渗漏到楼下，引起楼下邻居不满。如果在兰盆下放托盘，浇水时脏水流在托盘里，不仅不会把阳台搞脏，也不会渗到楼下，而且能提高空气湿度，真是一举多得。托盘可以用盛菜的盆，一个菜盆放一盆兰花。也可以用茶盘，一个茶盘可放几盆兰花。也可以定做，一个兰架做一个托盘。需要特别注意的是，兰盆下要垫木块，使盆底高出水面，兰盆底部不要浸在水里；否则，盆底浸在水里，兰盆不透气，会烂根。

（三）阳台养兰注意事项

（1）兰花要少而精。阳台面积不大，品种宜以株型较小的兰花为宜，株型较大的兰花除精品、极品、绝品外不宜多种。不要追求品种的数量，要种较高档兰花，种一盆是一盆，要有特色、上档次。

（2）设备要轻而靓。阳台承重受到一定的限制，考虑到阳台安全，所有设备尤其是兰架、兰盆重量要轻。同时兰室和住房连在一起，要讲究美观，才能做到赏心悦目。

◇选苗种植篇◇

一、兰苗选购

要种好兰花，首先要选好兰苗。兰苗选得好，健壮无病，才能发大芽，长成壮苗，产生较好的经济效益，取得事半功倍的效果。如果选了小草弱苗，不仅长小苗、不开花，而且不能产生经济效益。如果引进了病苗，还有可能夭折，那损失可就大了。

目前市场上有各种各样的兰苗，大致可分为返销草、原生种、科技草、下山草四大类。

（一）返销草的选购

返销草，是指原产中国大陆的兰花，在过去因战乱或其他原因流入日本、韩国和我国台湾等地，他们用先进的栽培方法和管理技术快速繁殖，然后又通过各种渠道返销到中国大陆，这样的兰苗称为返销草。

● 已恢复原生种性状的返销草

客观地说，在中国大陆刚刚改革开放，养兰队伍迅速增大之际，兰花的原生种非常难觅。此时返销草登陆中国大陆，使得大陆兰花市场名品的数量大增，在一定程度上满足了兰友的需求，为繁荣大陆兰花市场，普及兰花品种立下了汗马功劳。

有些品质较好的返销草经过几年的种养很快复壮，逐渐恢复了原生种的品质，并能正常复花。

但少数品质较差的返销草存在很多的

弱点：

（1）种养成活率较低，购回后在自然环境下栽培并不能完全成活，即使成活焦头缩叶现象也十分严重。

（2）部分返销草携带传染性极强的病毒，而病毒病无法治愈。

（3）有的返销草由于"激素"（植物生长调节剂）使用太甚，引种后在自然环境下并不能正常发芽：有的猛发芽，发许多小芽，有的却不发芽，有的特大草却发小草。

（4）有的返销草种养数年尚不能长成壮苗，难以成为商品苗。

（5）有的返销草品种混乱，张冠李戴。如上海梅大都是仙绿，庆华梅不是仙绿就是潘绿梅，适圆几乎都是长寿梅，绿蜂巧就是翠萼等。

有些返销草看上去强壮高大，实则是外强中干，十分虚弱，是使用"激素"所致，引种后发小草，很难成苗，有的甚至不发芽，购兰者千万不要被其高大硕壮的外表所迷惑。笔者曾从浙江一位兰贩处购买了4苗（2苗1组）从国外返销回来的十分高大的程梅，种养后一盆夭折，另一盆所发的新苗却小得可怜，成草无望，5万多元钱打了水漂。

近年来，返销草品质不断提高，有些不逊于原生种，且价格低廉，可以择优购买。

● 返销草程梅焦头缩叶现象严重

● 特大草返销苗发小草

● 返销草上海梅实为仙绿

老兰家说　返销草的品质有3种

返销草有3种品质：一种是组织培养的组培苗，刚从瓶内引出，成活率低，普通兰园是栽不活的；另一种是水培苗，在高温高湿环境下的营养液中长出，兰根圆润，植株高大诱人，但普通兰园引种后成活率也很低；还有一种是硬质植料苗，在硬质植料中培养，兰根凹凸不平，兰草品质较好，引种后成活率较高。

（二）原生种的选购

原生种是指中国大陆的下山草长年在自然环境下种养而繁殖出来的兰花。

由于遭受百年战乱和十年浩劫，大陆传统原生种十分稀少，20年前觅原生种堪比觅宝。随着艺兰水平的不断提高和时间的推移，大陆原生种的数量在不断增加，加上早期返销草经过多年的培育也基本上恢复了原生种的性状，因而原生种的数量也多了起来。

原生种有许多明显的优点：引种原生种兰苗，成活率较高；原生种兰苗病毒、病害较少；原生种兰苗发芽率正常，发一苗成一株，多为壮苗；原生种兰苗经济效益高，一般2～3年就可分苗出售，有的甚至当年就可产生经济效益；原生种兰苗品种准确，错误的可能性较小。

自然环境下栽培的兰草缺点也很明显，如叶面粗糙，难以封尖。

原生种兰苗目前已主导大陆兰市，基本可以满足大陆市场需求。购买原生种兰苗要注意以下几个方面：

● | 原生种易发壮苗

（1）购兰要购壮苗。从欣赏角度看，壮草大苗生机勃勃，弱苗小草矮小萎靡，观之心情不一样；从开花情况看，壮苗大草能尽早见花，弱苗小草难见花，有的甚至养十几年也赏不到花；从经济效益看，壮苗大草能很快产生经济效益，而弱苗小草必须待复壮长成大草方能出售，周期较长。因此，购兰要购大草壮苗，不购小草弱苗。

 老兰家说　　**壮苗的标准**

　　首先，兰叶旺盛。苗壮的兰草叶片宽阔、叶质厚硬、长度适中、叶片数量较多，春兰5片叶以上、蕙兰7片叶以上均属壮苗。其次，兰根发达。精明的购兰人往往要脱盆购苗，目的就是要看根系是否发达。健壮发达的根系较粗壮，且新根多，有水晶头，平均每苗草有3条以上根。再次，假鳞茎壮实。兰花的假鳞茎是贮存水分和养分的器官，是发芽、生根和开花的载体。假鳞茎壮实，表明兰草健壮。第四，花蕾饱满。一般情况下带花蕾的兰草均可称得上是健壮苗。此外，购买带花或花苞的兰花，才能保证品种无误。

● | 壮草根系发达

（2）购兰要购健康苗。兰花得病一般很难治愈，且兰花的病害一般均有较强的传染性，引种病苗就是引种隐患，引进祸水，因此有病的兰苗是万万不能购买的。尤其要警惕得过茎腐病且没有新苗的兰丛，要注意查看兰叶上有没有病斑，有无病毒病，还要查看兰叶上是否有害虫(主要是介壳虫)

● │病毒病患苗

（3）购兰不购单苗。购兰不能购单株，除非是珍稀品种，价格非常昂贵，不得已而为之。一般情况下春兰以2苗以上为好，蕙兰以3苗以上为好，否则易发小草，且难以复壮。买草要买前垄草，以爷、儿、孙三代连体或"四代同堂"为好，这样的连体苗易复壮，易开花。

（4）购兰不购温室苗。部分兰友从提高经济效益出发，采用了现代化的温室种植技术，建造了温室，安装了智能化的控制系统，用上了空调器、加热器、弥雾机、水帘、生长灯以及各种植物生长调节剂，确保兰花快速生长。温室种植大大提高了兰花的发芽率，兰草长势旺盛，但由于温室内部环境和外界自然环境反差较大，移至自然环境下种植难以成活，死亡率较高。

老兰家说　　**慎购温室苗**

通常情况下，温室苗株型高大、颜色嫩绿、叶薄而软、手感滋润、叶尖不焦。温室苗抗病力差，适应力弱，引种后在自然环境下栽培成活率较低，常在1周后即出现类似茎腐病的症状，即使侥幸成活，焦头缩叶现象也很严重，购兰者不要为其漂亮的外表所迷惑。笔者建议购买自然环境下种植的兰花，这种苗虽然外表粗犷，甚至有些焦尖，但引种后成活率却很高。

● │温室苗种植在自然环境下易出现类似茎腐病的症状

（5）购兰不购假苗。开花时节带花购买不会出错，冬春带花蕾购买也比较保险。夏季高温时节不宜购兰，严寒的冬季亦不宜购买。

● 用硫黄熏出来的白色花

● 形似宋梅的科技草大宋梅

由于兰价较高，弄虚作假者应运而生，伎俩甚多：有的用泡、熏等手法制造假色花；有的用矮壮素培育假荷瓣草；有的将熟草上山栽种，然后冒充下山草；有的移花接木，将名花插在行草上出售；有的用胶水拼接成蕊蝶或奇花；有的制作假虎斑；有的张冠李戴，指鹿为马。手法多样，不一而足，购兰时不可不防。建议向信誉良好的兰园购买。

（三）科技草的选购

广义的科技草指的是用现代育种和繁殖技术培育而成的兰花。科技草有两类，一类是用组织培养的方法（又称克隆）快速繁殖而获得的组培苗；一类是用人工杂交育种而得出的杂交苗。我们通常说的科技草主要是指杂交苗。

科技草与养得好的传统草较为相似，但只要仔细观察，还是能区别清楚的。科技草有如下特点：

（1）长势漂亮。由于栽培条件好，科技草长势茂盛，叶色浓绿，手感滋润，叶质厚糯，根系发达，叶尖不焦，脚壳完好。自然环境的兰园根本不可能培育出这样漂亮的兰草。

（2）草形相似。由于科技草的父本、母本都取自传统兰花中的名贵品种，如春兰杂交草大都由宋梅、大富贵、余蝴蝶进行杂交，它们的后代（杂交草）的草形也都带有父、母本的影子。因而很多春兰科技草的草形和宋梅、大富贵、余蝴蝶等十分相似。

（3）缺乏秀气。科技草草型偏大，叶质厚硬，草气强悍，缺少传统兰草的秀气。

（4）花形相仿。由于遗传的关系，科技草的花形都带有传统名花的影子，大多和传统名花有几分相像。

如果看到了一个兰花新品种，其叶形和花形都似曾相识，与某传统品种相仿，那就很有可能是科技草了。

老兰家说　　**正确看待科技草**

自从科技草大唐盛世冒充下山草骗人以后，科技草在人们心目中形象不佳。其实，自然界的兰花新品种也是通过自然杂交产生的，科技草只是以人工杂交技术代替了自然杂交而已。

大自然中杂交成功概率低，优良品种十分罕见，物以稀为贵，因而受到追捧，价格高昂。

人工杂交技术直接将2个或2个以上的名种作为父本和母本，增加了杂交成功的概率，容易出现优良品种，有的甚至遗传2个以上传统名种的优点，堪称花品盖世。

科技草的优势是"品位高、价格低"，如果以欣赏为目的，能以较低的价位买到观赏性更强的高品位兰花，何乐而不为呢？

（四）下山草的选购

下山草又称落山草，是刚从山上挖下来的尚未经过驯化的野生兰草。下山草有两种：一种是普通行花，主要供一般的兰花爱好者栽培欣赏；另一种是精品或期待品，供有一定造诣的艺兰人莳养。大量的新品、精品皆由下山草中选出。欲想从下山草中选出精品，必须具备下列4个方面的知识。

● ｜市场上的下山草

1.识别兰叶

一般来说，不同的瓣形花叶形也不相同。

（1）荷瓣草的特征：荷瓣草的叶形大多直立或斜立；叶片较短，中心叶较其他叶稍高；叶尖急收，短、钝、圆，呈匙形并起兜；叶脚收根细，叶脚短圆，紧抱叶束；叶的中幅较宽，为鱼肚叶；叶脉粗而明亮。具有上述基本特征的草出荷瓣花的可能性较大。

（2）梅瓣草的特征：梅瓣草的叶形大多斜披或半垂；较荷瓣草要长一些；叶尖狭长；叶质厚硬有弹性；叶幅狭；叶沟较深，呈"V"或"U"形；边叶弓垂，叶脚尖而硬。具

● ｜荷瓣草（绿云）

● │梅瓣草（宋梅）

● │水仙瓣草（汪字）

● │芽尖白头

● │芽尖有红晕

有上述基本特征的草出梅瓣花的可能性较大。

（3）水仙瓣草的特征：水仙瓣草的叶形大多直立或斜立；叶片较荷瓣草要长一些；叶幅较狭；叶的中幅为螳螂肚或鱼肚，叶尖狭长，叶沟深，叶质较梅瓣草软；叶脚细而长。具有上述基本特征的草出水仙瓣花的可能性较大。

至于外蝶、蕊蝶和多瓣奇花等异形花的叶形至今未有人摸清其规律，但有两点是可以肯定的：一是兰草的中心叶尾部发生唇瓣化（即叶蝶），必是蕊蝶无疑；二是兰草上有雪花点，必是树形花无疑。但必须指出，并非所有蕊蝶都有叶蝶，也并非所有树形花的叶上都有雪花点。

2.识别叶芽

叶芽刚出土时的色泽和兰花的颜色有紧密的联系。新芽绿色或绿白色，芽尖白头者都为绿色花（蕙兰）或素心花；新芽绿色，芽尖有红晕者都为赤转绿花（蕙兰）；新芽赤色，蕙兰为赤色花，春兰大多为紫梗绿花；新芽覆轮双色，必为覆轮叶艺，出覆轮花。

叶芽刚出土时带白头的特征和兰花的花品亦有一定的联系。芽尖白头如小珠，出梅瓣的可能性较大；绿芽带白头小珠，出素心花或水仙瓣的概率较大。

老兰家说　　如何识别芽的优劣

　　正常的叶芽一般从芦头中部发出，也有从芦头的下部或上部发出。从芦头下部发出的芽称下位芽，下位芽较健壮，一般均能长成壮草、大草；从芦头上部叶鞘间发出的芽称上位芽，上位芽较弱，常成僵芽，即使成草，品质也要差一些。

3.识别花苞

　　花苞是鉴别下山草品种优劣的主要依据，识别花苞主要看苞叶（壳）的颜色、形状、筋麻、沙晕、肉彩等5个方面。

●｜绿壳花蕾　　　　　　　　　　●｜短梢壳花蕾

　　（1）看颜色。兰花的苞叶有多种颜色，如绿壳、白壳、赤转绿、水银红、赤壳等。其中以水银红壳、绿壳、赤转绿壳出好花的概率较大。

　　（2）看形状。兰花的苞叶有厚与薄之分，如苞叶厚而硬、颜色柔糯，屡有好花出现。

　　苞叶有长梢壳和短梢壳之分，凡短梢壳中部的色彩浓而厚、锋尖有肉钩、苞尖又呈鹊嘴形，大都出梅瓣、水仙瓣；如苞叶长而苞尖呈钝形，多数出荷形水仙瓣。

　　（3）看筋麻。筋细长透顶、软润、疏而不密且微有光泽者，常有瓣形花出现。筋粗透顶者，花瓣必阔，且有荷瓣出现。如绿筋绿壳或白

●｜长梢壳花蕾

●｜花蕾上的筋麻　　●｜花蕾上的筋达顶、有沙晕

壳绿筋，筋纹条条通梢达顶，苞叶周身晶莹透彻，那大多出素心花。梅瓣和水仙瓣的筋纹较细糯，中间还需布满沙晕。

麻之粗细、长短不匀，排列有疏密，如相互之间较稀疏，又布满异彩沙晕，往往出奇瓣或异种素心花。

（4）看沙晕。苞叶上如有沙有晕，大多出梅瓣、水仙瓣。如苞叶上的沙如杏毛状密集，花苞逐渐抽长时，蕾顶部分又呈现浓绿色者，绝大多数出梅形水仙瓣。如沙晕柔和，颜色或白或绿，出素心花居多。凡具有瓣形的名花，在其苞壳上除筋纹细糯、通梢达顶外，还必须有沙晕。

蕙兰苞叶的腹部筋纹间布满沙晕，又有粒粒如圆珠般突出状，屡有梅瓣、水仙瓣出现，但壳色不能有过分明亮的光泽。如蕙兰花苞紧圆粗壮，下部整足，一般多开荷形大瓣子花。

老兰家说　　**如何看壳识花**

我国艺兰先辈们常根据苞叶的颜色、筋纹、沙晕等作为下山新花优劣的依据。《看壳各诀》中载：

"绿壳周身挂绿筋，绿筋透顶细分明，真青霞晕如烟护，确是真传定素心。"

"白壳绿飞尖绿透顶，沙晕满衣，此种定素。出铃小，蕾若见平，水仙在其中。"

"银红壳色最称多，莫把红麻瞥眼过，多拣多寻终有益，十梅九出银红窠。"

●｜绿壳周身挂绿筋的花蕾　　●｜白壳绿飞尖绿透顶的花蕾　　●｜银红壳色的花蕾

（5）看肉彩。所谓"肉"，即箨尖上或花蕾尖上如珍珠一般的白点；所谓"彩"，即箨壳上镶有如花瓣一般的绿色。

大凡箨尖上或花蕾尖上有如珍珠一般的"肉"、苞叶带绿"彩"，且色彩艳丽者均可出好花。

● ┃ 花苞上的绿"彩"

4.识别蕾尖

蕾尖是指花蕾含苞待放时，瓣尖透出小苞叶露出顶端的形态，俗称头形。有一定造诣的养兰高手能区别各种头形，并了解各种头形的优劣，在选择新花时作为判别兰蕙品种优劣的重要依据。如蜈蚣钳开梅瓣，瓜子口开飘瓣，石榴头开武瓣，小平切开水仙瓣等。

● ┃ 花蕾蜈蚣钳开梅瓣（端蕙梅）　● ┃ 花蕾瓜子口开飘瓣（郑孝荷）　● ┃ 花蕾石榴头开武瓣（朵云）　● ┃ 花蕾小平切开水仙瓣（仙绿）

鉴别下山草品种的优劣可以从认识叶、芽、苞、蕾等方面入手，但难度很大，初入兰道者因缺少经验，谨慎赌花，以免造成重大经济损失。

二、兰盆选择

（一）兰盆种类

目前市场上的兰盆种类繁多，常用的有泥瓦盆、紫砂盆、出汗盆、陶盆、塑料盆等。

● ｜泥瓦盆

● ｜紫砂盆

● ｜出汗盆

● ｜塑料盆

（1）泥瓦盆。植兰传统用盆，其透气、滤水、保湿性能良好，适合兰根生长。缺点是粗糙、笨重，不美观，观赏性差。它是养好兰花的最佳盆具，也是初学者的首选盆具。

（2）紫砂盆和陶盆。优点是做工精细，外观漂亮，但透气性差，浇水难以掌握，且盆体笨重，养兰有一定经验者可用。

（3）出汗盆。紫砂盆和陶盆的更新换代品。与紫砂盆一样，外观漂亮，做工考究，且透气性能良好。它兼有泥瓦盆和紫砂盆的优点，又克服了泥瓦盆和紫砂盆的缺点，是养兰者的最佳选择。

（4）塑料盆。优点是轻便、清洁、不易破碎，但不透气、不滤水，浇水难度大。一般为大型兰场采用。初养兰花者慎用。

此外，还有瓷盆、釉盆、树桩盆。前两者不透气，容易烂根，盆虽雅观但不实用；后者不仅加工困难，而且难以购买。

客观地说，什么盆都可养兰，但对于初学养兰者来说，兰盆的选择以疏水透气性强的盆具为上。泥瓦盆为首选，待有一定养兰经验后再使用美观的出汗盆种植；至于紫砂盆、陶盆、塑料盆，由于透气性差、吸热快、散热慢、保湿性太强，浇水难以把握，容易烂根，只适合有一定经验的高手使用。

（二）对兰盆的基本要求

（1）养兰的盆有5个标准：一是兰盆要高雅，有观赏性；二是兰盆宜深不宜浅；三是兰盆要有透气性；四是兰盆大小要适宜；五是兰盆底孔要大，春兰盆底孔直径不小于3厘米，蕙兰盆底孔直径不小于5厘米，且要有一定数量的壁孔。在上述5个标准中，以兰盆是否透气为首要标准。

● | 高雅的兰盆　　　　　● | 底孔较大且有壁孔　　　　　● | 平脚盆和三脚盆

（2）兰花用盆最好每个品种都用大、中、小3种规格，以便兰株多的用大盆，兰株少的用小盆；兰根多的用大盆，兰根少的用小盆；兰草壮的用大盆，兰草弱的用小盆。

（3）兰盆最好清一色，忌杂乱。一个兰园，兰盆质地、规格最好统一，不要高矮不同、大小不一，否则难以摆放，而且难以管理，大盆10天还湿，小盆1天就干，干湿程度不一。

（4）兰盆最好选平脚盆，以适合于各种兰架摆放。三足兰盆摆放时须小心，以免倾翻。

三、植料配制

植料是盆栽兰花赖以生存的基础。兰根每时每刻都在吸收植料中的水分、养料供植株生长发育。兰根无时无刻不在植料中进行旺盛的呼吸作用，进行正常的生理活动，保证兰株健康生长。因此，如植料合适，则兰株长势旺盛，健康无病，根系发达，发芽力强，兰株健壮；反之，如植料不佳，则长势差，发苗小而少，易烂根、烂苗、发病，甚至滞长死亡。

（一）植料种类

植料有多种多样，市场上的植料五花八门，可分为有机植料和无机植料两大类。常用的有机植料主要有腐叶土、仙土、塘土、草炭、椰糠、水苔、木屑、树皮朽木、兰菌土，还有镇江有机栽培颗粒土等。这类植料有机质含量较高，含有多种营养成分，肥效持久。常用的无机植料主要有陶粒、碎砖瓦、火山石、植金石等。

● | 仙土

● | 碎砖瓦

● | 植金石

● | 树皮

这些植料空隙度大，透气性强，吸水保水能力强，含有一定的矿物养分，但缺少肥分，且多呈弱碱性，需和酸性材料混合才能使用。

（1）腐叶土（山土）。疏松透气，营养丰富，含有丰富的腐殖质，适合采用泥瓦盆在自然环境状态下种植。易发大芽，长大草；易开花，花品好，香味纯正。但浇水过多，易烂根、烂芽；浇水过少，盆土干足后不易浇透；易发生病虫害。现在市场出售的均为劣质山土，优质腐叶土非常难觅。

（2）仙土。颗粒状，保湿、排水、透气、含水，不易受病菌侵袭，肥分适中。据测定，仙土含氮量甚高，达1.25%（但含磷、钾较少），是养兰的理想用土之一。但如用泥瓦盆种植，仙土保水性能较差，盆土易干，一旦干透，很难浇透。仙土尤其适宜用透气盆、陶盆种植，效果较好。但仙土比重大，纯仙土种植，兰盆笨重，成本也较高。

（3）碎砖瓦。用旧砖瓦（以瓦片为好）打碎成小颗粒，过筛分成大、中、小3种规格，浸水、洗净、去棱角，即可使用。优点是花钱少，且疏松、透气、保湿、卫生，是养兰的理想植料之一。用碎砖瓦种植大花蕙兰效果极佳。缺点是兰盆笨重，制作花工量大，棱角锐利。

（4）植金石。颗粒状，无毒、无菌、疏松、透气、保湿、干净、卫生、美观，是养兰的理想植料之一。但缺少肥分，吸水性强，盆面易长青苔。植金石适宜和仙土混合，效果较好。同类的还有火山石、陶粒等。

（5）树皮、朽木。养分多，保水、排水、保肥、透气，对兰花的生根、发芽有很好的促进作用，有利于兰花生长，是盆栽兰花的最佳植料之一。

（6）草炭。地面草本植物经多年熟化而成，含有大量有机质和养分，疏松、透气、保水、沥水，散热性能也很好，对兰花的生根、发芽有很好的促进作用，也是盆栽兰花的理想植料之一。但草炭容易腐化，使用一年应予以换盆。

● ｜朽木

● ｜草炭

● ｜镇江兰粒

（7）镇江兰花有机栽培颗粒土（镇江兰粒）。为天然轻质有机材料，主要原料是生产香醋的醋渣，采用生物工程技术，经高温、活化、净化制成颗粒。优点是保湿、渗水、疏松、透气、无虫、无菌、偏酸性、含肥分、重量轻，是养兰的理想用土之一。缺点是生产过程中使用了黏合剂，对兰花生长不利；两年后松散，透气性变差；保湿性能太强，易烂根。

（8）兰菌土。经科学配方成型生产的一种缓释性菌土，透气保湿、养分齐全、营养缓释、干净卫生，是养兰的理想用土之一，它适合泥瓦盆、透气盆种植。缺点是时间一长，颗粒易松散，致使通透性变差而造成烂根。

● ｜兰菌土

（9）蛇木（桫椤根）。桫椤的树干或气根切碎加工而成。透气、沥水、耐腐蚀、不变质，但不保水、易干。

（10）水苔。泥炭藓晒干的植物体，吸水、保水力极强，多用来铺设于盆面，细末亦可拌和于植料中，利于植料保湿。

● ｜蛇木

（二）植料搭配

各种植料都有自己的优点，也有它的缺点，因此我们要想办法发挥它们的长处，克服它们的缺点。最好的办法就是通过各种植料的搭配来取长补短、优势互补、协调利弊，这样就可以取得更好的效果。

从兰花的生态习性来看，兰花的植料应满足微酸、含肥、通气、滤水、疏松、保湿、保肥、清洁8项要求。

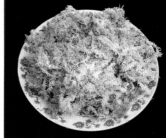

● ｜水苔

笔者经过多年实践并反复比较，汰劣选优，认为用紫砂盆、出汗盆和塑料盆种植兰花要采用硬质植料配方，将仙土、植金石、兰菌土和镇江兰粒按60%、20%、10%、10%的比例混合。这种配方营养丰富、通透性强、滤水性好、保湿性强。

●｜仙土、植金石、兰菌土和镇江兰粒四合一混合植料

用泥瓦盆种植兰花最好采用软质植料配方，将草炭、树皮、仙土和植金石按40%、30%、20%、10%的比例混合。草炭的含肥分较多、偏酸性、保湿性强，树皮的养分多、营养缓释，仙土的含氮量高、滤水性好，植金石的通透性好、保湿性强。这4种植料相互混合，可以达到优势互补、相互配合的目的，既克服了仙土不保水、不保肥的缺点，又克服了植金石无肥的不足，还克服了草炭、树皮保湿性偏强的弱点，真正做到了把无机植料（植金石）和有机植料（仙土、草炭、树皮）结合

●｜草炭、树皮、仙土和植金石四合一混合植料

●｜用草炭、树皮、仙土和植金石四合一混合植料种植的兰苗出芽多

●｜用草炭、树皮、仙土和植金石四合一混合植料种植的兰苗根发达

●｜用草炭、树皮、仙土和植金石四合一混合植料种植的兰苗苗壮

起来，把硬质植料（仙土、植金石）的滤水透气的优势和软质植料（草炭、树皮）保湿保肥的优势结合起来，从而满足了兰花生长的需要。这种混合植料对兰花生长极为有利。用这种混合植料种植兰花不仅发芽多，而且根系发达、兰叶繁茂、植株健壮。这是目前最科学的植料配方之一。

（三）盆底植料与盆面植料选择

兰盆垫底植料以质量轻、不松散、滤水、透气、无菌无虫、保水保湿为好。笔者认为以木炭（质量轻、保湿性强、有杀菌作用）、植金石（质量轻、无病菌、保湿性强）为首选，以仙土（比重大）、碎砖瓦（笨重）、兰菌土（易散）、泡沫（不含水）为次选。

● ｜ 木炭

兰盆盆面的植料，以保湿、透气、卫生为好。水苔盆面保湿性强，但时间长了浇水易打漂。植金石保湿性强、卫生、透气，缺点是保湿性太强，易长青苔，从而滋生病菌。仙土卫生、透气，但仙土易干，且容易干透，再浇水亦不能湿透。如以水苔、仙土、植金石三者混合使用，则效果最好。具体做法是：在盆面铺一层水苔，在水苔上撒一层中颗粒的仙土和植金石混合物，适当压实。这样不仅所浇的水容易下渗，不再打漂，而且盆面不易滋生青苔，盆土亦不易干透。

● ｜ 水苔盆面

● ｜ 长满青苔的植金石盆面

● ｜ 容易干透的仙土盆面

● ｜ 湿度状况较理想的盆面

（四）植料处理

（1）新植料的处理：首先是过筛，筛去粉末，分大、中、小三级；其次是消毒，最简便的方法是用多菌灵或甲基托布津（甲基硫菌灵）兑水浸泡消毒。

● 过筛

● 浸泡消毒

老兰家说　　**植料非浸泡消毒法**

（1）烈日暴晒。将植料置于水泥地面，接受烈日暴晒1周左右，一般可将病菌和虫卵晒死。

（2）高温消毒。将植料蒸、煮或置微波炉内加热，高温杀死病菌和虫卵。此法只适宜少量植料的消毒。

（3）密封蒸熏。将植料装入塑料袋或容器内，倒入福尔马林或土菌消（噁霉灵），然后密封，置阳光下晒两天，即可将病菌和虫卵熏死。

（2）旧植料的处理：已用过的旧植料弃之可惜，健康无病的旧植料（特别是颗粒植料）经处理后可以继续使用。可将旧植料种下山草或普通兰花。也可将旧植料进行复新处理，继续使用。复新处理的步骤：过筛分大、中、小三级→浸泡去盐分→暴晒杀菌杀毒→消毒液浸泡消毒→沥干后加入新料拌匀。但旧植料肥分较少，所占比例最好不要超过1/3，以保证新植料占较大的比例，不致影响兰花生长。

（五）处理好几个关系

（1）要处理好植料和盆的关系。用泥瓦盆种兰，植料稍细影响不大；用紫砂盆、陶盆、塑料盆种兰，植料宜粗一些。

（2）要处理好植料和环境的关系。通风易干处养兰，植料宜细一些；环境湿度大，盆土难干，植料宜粗一点。

（3）要处理好植料和水的关系。细植料浇水宜懒一点；粗植料浇水要勤一点。

（4）要处理好植料和肥料的关系。细植料保肥性强，施肥要淡一点，次数要少一点；粗植料保肥性差，施肥次数要多一点。

（5）要处理好植料和兰花品种的关系。蕙兰用料宜粗一点；春兰用料宜细一点。

四、翻盆（上盆）

翻盆是养兰过程中技术含量较高的一项工作。翻盆工作做得好，兰花就长得好，新发出的兰芽当年就能长成大草；翻盆工作做得不好，兰花也就长不好，就会带来隐患，甚至导致兰花夭折。

（一）翻盆的必要性

一般情况下，兰花在兰盆中生长一两年就需要翻一次盆，主要原因如下：

（1）兰草密了。兰花经过一两年生长，盆中兰株越来越多，显得拥挤，发芽率下降，此时必须进行翻盆分株。

（2）兰根多了。现代养兰大多采用颗粒植料，盆中兰花根系发达，经2～3年生长，盘根错节，新根无生长余地，此时必须进行翻盆分株。

（3）植料瘦了。兰盆中的植料经几年栽培，养分消耗殆尽，植料酸化，不仅新苗瘦弱矮小，而且整盆兰花呈衰弱状态，此时必须进行翻盆。

●｜满盆大草亟待分株

●｜盘根错节的兰根

● | 这盆病草急需翻盆

（4）出问题了。盆中兰花在莳养过程中产生了各种各样的生理性病害，甚至遭到病菌的侵害感染，出现病苗倒苗。为了挽救尚存的兰苗，必须翻盆，更换植料重栽。

（5）要卖花了。现代养兰一般都有买卖或交换的情况发生，一旦有兰友前来引种购买或交换，也不得不脱盆分苗重栽。

（二）翻盆时间

兰花翻盆一年中有两个适宜的时期，即春分至立夏和秋分至立冬两个时段。在这两个时期对兰花进行分株比较适宜，但也各有利弊。

1.春天翻盆的利弊

春天翻盆的优点：春天分株一般都在花期刚结束时进行，此时兰株尚呈休眠状态，营养生长基本停顿，这时分株对兰花的生长影响不大。随着气温的升高，定植后的兰苗可迅速进入营养生长。

春天翻盆的缺点：子芽大多已经萌动，有的子芽已经比较大，分株操作稍有不慎就会碰掉新芽，造成损失。

老兰家说 **什么是子芽**

从假鳞茎基部生长出来的幼小叶芽，俗称子芽。在"入梅"前破土生长的子芽称春芽，当年即可长成大草；如在"夏伏"时破土的子芽称夏芽，当年也可长成大草；若迟至秋季生长出的子芽俗称秋秆，当年不能长成大草，需来年继续生长。

2.秋天翻盆的利弊

秋天翻盆的优点：秋天新芽尚少，芽尖尚未膨大，分株操作时不会误伤小芽；秋天分株可促使叶芽早日分化，有利于来春早发芽；分株后的兰花经过一冬的时间积累养分，来春即可迅速投入生长，有利于长大草。

秋天翻盆的缺点：秋分时节，空气干燥，受伤兰株极易倒苗。管理难度加大。此外，兰花盆数增加，也加重冬季进房管理工作的负担。

古人有"春兰秋分，蕙兰春分"之说，由于春分、秋分各有利弊，谁优谁劣，很难说得清。笔者认为，掌握如下原则比较恰当：有花芽的兰花，如果需要参加博览会或要见花观赏，要留待春天开花后分株；兰花盆数较多，不妨春秋两个时节各分一部分，可减少一段时期的工作量；无花芽的兰花尽量秋天分株，为保证一定的生长期，时间可适当晚一点，到立冬前夕再分也不迟；壮苗秋分，弱草春分。

（三）翻盆前准备工作

确定要翻盆了，要提前3天做好有关准备工作，主要有两项：

（1）浸泡植料。现代养兰大多数采用多种混合颗粒植料，这些颗粒植料都需要浸泡后才能用于栽兰。如仙土要浸2天以上，其他的如植金石、镇江兰粒、兰菌土、陶粒等也都要浸泡。植料浸泡前先过筛，分成大、中、小3种颗粒，然后用消毒药水浸泡，对植料进行消毒杀菌。消毒药物可选用甲基托布津（甲基硫菌灵）、多菌灵、百菌清、高锰酸钾等。

（2）兰盆扣水。翻盆前3天即开始停止浇水，勿使盆土潮湿。脱盆前扣水，让盆土稍干，有利于翻盆工作顺利进行：盆和土不粘连，脱盆较容易；泥团易散，便于清理；兰根含水分少，不易折断，便于操作。

●｜浸泡植料

（四）翻盆步骤

（1）脱盆取苗。将兰盆倾倒，左手转动兰盆，右手拍打盆壁，使盆中植料松动，植料自然会从盆中不断掉出来，即可顺势取出兰苗。个别盆中兰草较旺，根系繁多，紧贴盆壁生长，植料紧密，虽经反复拍打，亦不易松动；这时要耐心地拍打，亦可用竹签慢慢往外剔除植料，然后再用小木棍从兰盆底部的泄水孔往上顶，一般均能顺利取出来。实在无奈，只好破盆取苗。

（2）冲洗兰苗。兰草如果健康而且根部又很清洁，可不冲洗，细心拆除植料就行。如泥土较湿较黏不易剔除（如山泥等较难剔除），可放到水龙头下冲洗。

●｜脱盆取苗

● 细心剔除植料

● 冲洗兰苗

● 倒挂晾干

（3）倒挂晾干。冲洗后的兰根饱含水分，容易折断，此时不宜理根，更不宜分株。为便于操作，苗洗净后要放在阴凉通风处晾一下，最好倒挂，避免刚冲洗的兰株叶心积水。千万不要放在太阳下暴晒。待兰根发软发白时，方可进行理根、修剪和分株操作。

● 精心修剪

（4）精心修剪。对已晾过的兰苗要进行修剪，用消毒过的剪刀剪去烂根、空根、瘪根、病根。如兰根不多，可留下根芯，作支撑兰株用。同时，对残叶、烂脚叶、病叶及空瘪老芦头进行修剪。

（5）科学分株。如兰丛比较大，要适当分株。分株要讲科学性，从有利于多发芽、长大草角度出发。每丛兰株的数量以春兰2苗以上、蕙兰3苗以上为好。

传统分株，提倡从"马路"分开。新苗是从母苗的假鳞茎上生长出来的，因此新草和母代草是紧贴在一起生长的，两年后连接茎变细并逐渐拉开距离，三四年后距离更远，由连接点变成了连接线，出现了大缝，兰盆中的兰草也就自然分成两丛，这两丛中的缝就是"马路"。分株时只要沿"马路"用双手掰开就行。由"马路"分开的兰株，创口小，植后易复壮，易发大草，易开

● 兰苗中间的"马路"

● | 逆向扭动，寻找连接点大概位置　　● | 掰开兰丛基部，确认连接点　　● | 用剪刀剪断连接茎

花，生长不受影响。这是老祖宗传下来的分株办法。

　　现代分株，多用剪刀或手术刀。用双手分别抓住两边的假鳞茎上部轻轻逆向扭动，寻找连接点的大概位置；如扭动不畅，则需重新寻找连接点；找准连接点后，再用两手稍稍掰开，即可找到连接点（因掰开时会看到连接处露出白色的伤口）。用左手拇指和食指分别撑开两边，然后右手用尖头剪刀或手术刀剪断或切断连接茎（注意不可伤及根和幼芽，更不可

● | 刀具消毒

剪伤假鳞茎）。值得注意的是，剪刀或手术刀每用一次后都要消毒。名贵兰花品种，要用全新的剪刀或手术刀。

老兰家说　　盆中分株好处多

　　盆中兰苗不多，又不需换料，可在盆中分株（原盆不动）。具体方法：扒开盆面植料，露出假鳞茎；找出连接点，用剪刀剪开或用手术刀切开；在伤口敷上杀菌农药粉末；1天后盖上植料；2～3天后浇水。用这种方法分株减少了兰株服盆时间，不仅发芽早，而且新苗也较壮。

● | 用手术刀在盆中分株

　　（6）涂药消毒。修剪、分株过的切口要立即敷上药粉，一般选用甲基托布津（甲基硫菌灵）、多菌灵、百菌清等敷伤口较好。稍后再对分株兰草进行消毒，一般情况下浸泡15分钟左右，以消灭残留在兰株上的病菌。浸好后取出倒挂，适当晾

干，至叶心间无水、根系发软时即可栽种。如果兰株健康，可不必对兰花全株消毒，以免杀死兰菌，反而对兰花的生长带来不良影响。

（7）置疏水罩。盆底先置疏水罩。一般来说，大盆用大的疏水罩，小盆用小的疏水罩。疏水罩，可以自制，也可以到市场购买。

● │ 在切口敷上杀菌农药粉末

● │ 兰株消毒

● │ 放大小合适的疏水罩

老兰家说　怎样自制疏水罩

　　自制疏水罩可用带盖的矿泉水、饮料瓶，先用直径为5毫米的电烙铁在瓶周围烙孔眼，从瓶盖到瓶身上下通体烙孔；然后把瓶底剪掉，再将瓶身下部2厘米处沿纵向分成8～10等份剪开，并向外掰开成90°即可。高度视兰盆的高矮而定，一般占盆高1/3左右为好。

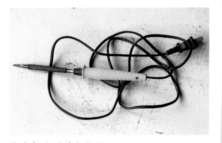

● │ 打孔用的电烙铁

● │ 大颗粒垫底

（8）垫疏水层。疏水罩安置好后，在疏水罩四周放拇指大小的木炭、植金石或其他植料，确保盆底通风透气。

（9）安放兰株。疏水层垫好即可将消毒并已晾干的兰株放置盆中。要注意两点：一是要理好根，并将根置于疏水罩四周，让兰根舒展，注意不让根和盆壁接触；二是兰株要放在盆中央，并使老苗略偏于一旁，以便给新苗留出更多的生长空间；三是兰草刚放进盆中时要略深一点，待填料时再慢慢往上提，这样便于控制高度。

（10）填料栽兰。兰株放好后，即可将已混配好的中颗粒植料从四周填入。注意不要把植料填入兰花的叶片中间，更不可填进兰株叶心。植料填至假鳞茎处，可将盆放在木板或软地面上，左手持苗，右手摇盆。这样便于控制兰苗在盆中的深度。右手一边摇，左手一边提兰苗，将假鳞茎提至与盆口齐的位置，使兰根与植料紧密结合。

兰花假鳞茎在盆中所处的高度要把握好。一般来说，兰株刚放进盆中时要略深一点，假鳞茎在盆口下沿1～2厘米处较好，待填植料时再慢慢往上提至齐盆口（这一点可在实践中体会妙处）。假如盆面高了，浇水时盆内填料易被冲出盆外；太低了，盆内植料所占空间小，不利于兰根的发展，自然也会影响兰草的生长。

（11）细料保湿。中粗植料透气性强，失水较快，为了确保盆中植料常"润"，通常的做法是在已填入的植料上再覆盖一层干净、无菌、透气的细植料。一般来说，以植金石、仙土和树皮混配料较好，这样既保湿又卫生，也利于兰株生根发芽。

（12）撒施肥料。由于颗粒植料所含养分不足，要想长大苗、壮苗还得适当用一点缓释性基肥。目前市场上这种肥料种类较多，其中美国产魔肥为颗粒缓释性肥料，肥效时间长达1年，卫生、安全，可适量撒施于盆面。

● | 放好兰株

● | 填料栽兰

● | 控制好假鳞茎深浅度

● | 细料保湿　　　● | 撒上魔肥

（13）覆盖盆面。由于细植料体积小、质量轻，浇水时容易被冲出盆外，且保湿性差，因此需要在盆面覆盖一层薄薄的水苔，以利保湿；然后再撒一层中颗粒的仙土和植金石的混合植料，并适当压紧，以防浇水时冲坏盆面。喜欢装饰盆面的兰友也可种上翠云草，但不宜铺设青苔，青苔不透气。

●｜覆盖盆面

●｜植上翠云草

●｜浇定根水

（14）插上标牌。有的兰花品种单从叶形上看很难区分，为避免搞错，可插上标签，写上花名或代码。用油性笔书写，以免时间久了褪色。

（15）浇定根水。所谓定根水，即栽兰后的第一次浇水。由于植料刚上盆时，植料润中带湿，尚有水分，因而栽好的兰花可略缓一段时间再浇水，这样做有利于伤口结疤。一般来说，上午栽的晚上浇，下午栽的第二天早上浇。浇定根水不可拖得太久，一来已晾干的兰根需要补充水分；二来植料在拌和时产生了很多浮尘，浇水可以洗掉植料中浮尘，使植料更清洁；三则可以使兰株迅速服盆，及早转入生长状态。定根水一定要及时浇，还要一次性浇透浇足。

（16）阴处养护。刚上盆的兰株不可贸然放在日光下，因兰株刚上盆，元气尚未恢复，需放阴凉通风处养护。如在室外，可拉上两层遮阳网，1个月内不可根施任何肥料。

（17）1周后上架。刚上盆的兰株在阴处养护1周后已基本恢复，可置于兰架上，转入正常养护。

◇ 管理养护篇 ◇

一、兰花日常管理技艺

（一）通风透气

在兰花的栽培过程中要特别重视兰花的通风透气工作。古兰书有"以面面通风为第一要义"、"兰贵通风"等说法，兰房不通风是兰花的第一杀手。

1.通风透气的含义

通风透气有3个方面的含义：一是指养兰场所新鲜的空气流动，以保证兰花沐浴在新鲜的空气之中；二是指盆内植料疏松透气，以保证兰根呼吸畅通；三是指叶面清洁，兰叶气孔不堵塞，通透无阻，以保证兰叶呼吸畅通。

● 自然环境下的兰草健康茁壮

 **老兰家说**　　**关于通风透气的误区**

误区一：简单地认为通风透气就是空气流动。在全封闭的兰房里安装了吊扇、壁扇，启动时兰房内确是凉风习习，然而搅动的却是混浊的空气，那是充满病菌的污气在流动，而不是新鲜空气的流通。因而全封闭兰房应安装换气扇，以排出室内混浊的空气，让室外的新鲜空气源源不断地进入兰房。

误区二：错误地认为通风越强越好。必须指出的是，我们所说的风是微风、和风，而不是大风、狂风，只有微风吹拂才有利于兰花的生长，狂风会吹折兰叶，吹低空气湿度，对兰花的生长有害无益。

● 芸蔚兰苑庭院养兰

2.提高通风透气性能的措施

（1）加强养兰环境通风透气的措施：庭院养兰，尽量不搞封闭式，要在自然环境中栽培兰花，让兰株完全生长在大自然新鲜空气中。

现在大多数兰友均在阳台或屋顶养兰，难度较庭院养兰大。不封闭，风大，光照强，温度高，空气湿度低，不利于兰花生长；封闭，又不通风透气。二者很对立，但通风透气毕竟是矛盾的主要方面，一切措施均要以通风透气为先决条件。若封闭养兰，解决阳台、屋顶兰房通风透气的办法只有3条：一是多开窗户；二是多设换气扇；三是安装水帘，但要控制好空气湿度，水帘启动不要太频繁，水也不要循环使用，水帘还要经常消毒灭菌。

老兰家说　　**冬季兰房通风的注意事项**

　　11月下旬，兰花全部进房，因冬季气温低，从保温角度考虑通常门窗密闭，而忽视了兰房的通风。冬季兰房通风要注意下列几点：

　　（1）适当开窗让新鲜空气进入。当白天气温高于0℃时，可适当开启一点门缝；当白天气温高于10℃时，可打开部分门窗。晚上则关闭门窗，防止寒冷空气侵入。

　　（2）当温度高于15℃时，门窗必须全部打开，以免兰花受热产生病害。

　　（3）遇有气温低于0℃的寒冷天气，不管白天黑夜都要关好门窗，以免兰花遭受冻害。

（2）加强兰盆透气性的措施：

首先，选用底孔较大且盆壁有孔的高腰泥瓦盆或出汗盆。

其次，选用干净、无病菌、大小适宜的颗粒植料，且多种植料混合。

第三，兰盆放在透气的兰架上，盆底离地面40～50厘米较适宜，兰盆不要放置太密。

第四，使用疏水透气罩。疏水罩可以购买，有条件的也可以自制。

第五，用大颗粒木炭、植金石等植料垫底，以利盆中上下通气。

● 购买的疏水罩

● 自制的疏水罩

（3）提高兰叶透气性的措施：

首先，灰尘较严重的地方要安装纱窗，以挡住部分灰尘。

其次，每半月左右用清洁的水喷洗兰叶，注意喷后通风，尽快吹干兰叶。

● 喷洗兰叶

第三，在根施有机肥和叶面施肥后的翌日，用清洁的水喷洗兰叶，将洗叶和清除残肥相结合，以起事半功倍之效。室内或阳台洗叶后，要开窗并启动风扇，尽快吹干兰叶。

第四，兰花洗叶注意以下几点：下雨天不洗；大雾天不洗；傍晚不洗；冬天不洗；烈日下不洗；兰花开花期间不洗；兰叶有黑斑病、褐斑病等传染性病害时不洗；新芽开口期不洗。

（二）适时浇水

古人云："养兰一点通，浇水三年功。"说明给兰花浇水是一门很深的学问，需要经过长期的实践和探索才能掌握。

1.浇水时期的判断

古人说兰花"喜润而畏湿，喜干而畏燥"，这话很有科学道理。"湿""润""干""燥"是有区别的。过"润"即"湿"，"湿"为水分过多，会使兰根窒息，腐烂死亡；过"干"即"燥"，"燥"为水分过缺，会使兰株萎蔫，生长受挫，甚至干枯死亡；而"干"与"润"为水分适中，是兰花生长最适宜的状态。一般来说，在盆面植料"干"而不"燥"、盆底孔"润"而不"湿"时，是给兰株浇水的最佳时机；不必等盆土完全干透了再浇，否则对兰花的生长发育会造成不良影响。

具体来说，要根据如下因素来判断：

（1）看季节。季节不同，温度、空气湿度、光照均不同，兰株的蒸腾作用差异也很大。气候炎热的夏季多浇，梅雨季节少浇或不浇；低温阴冷的冬天不浇，气温较低的早春少浇，干燥的秋季多浇。

（2）看天气。自然界天气变化无常，不同的天气，不同的光照、温度、空气湿度，兰株的蒸腾作用也千差万别。基本做法是：晴天多浇，阴天少浇，即将下雨不必多浇，下雨（雪）天不浇。

（3）看兰花生长期。兰花在生长期或孕蕾期应多浇水，休眠期少浇或不浇；发芽期应多浇，发芽后可少浇；花芽出现时多浇，开花期少浇，以延长花期；花谢后宜停浇数日，以保证其有短暂休养时间。

（4）看植料。颗粒细、保水力强的植料水分消耗慢（如山土、木屑等），需减少浇水次数；相反，颗粒较粗、保水力弱的植料（如仙土），则需增加浇水次数。

（5）看盆。透气性强的泥瓦盆要多浇，透气性差的紫砂盆、塑料盆少浇。小盆易干，大盆难干，浇水的次数亦有区别。

总的来说，给兰花浇水要具体情况具体对待，不可千篇一律地做简单化处理，更不可机械地硬性规定几天浇一次水。

2.给兰株浇水的时间

给兰株浇水，在时间上也有一定的讲究。一般来说，暮春和夏秋兰花在室外栽培时，以早上浇水为宜，理由如下：

（1）经过一夜的降温，早上盆中植料温度较低，此时浇水不会骤然降温伤苗。夏季傍晚时兰盆温度尚高，骤然用冷水浇灌，突然降温，会影响根系吸水。

（2）早上浇透，至傍晚转润，夜间盆内无积水、空气流通，有利于兰株进行呼吸作用，有利于兰花生长。如果傍晚浇水，夜间水分蒸发慢，易造成积水，不利于兰株的呼吸作用。

（3）白天气温高、空气湿度低，水分易蒸发，早上浇在兰株上的水容易蒸发掉，不容易造成烂心。夜间气温低，空气湿度高，水分难以蒸发。傍晚所浇的水灌入叶心，易引起烂心。

冬天和早春，兰花在室内栽培时，浇水的时间可适当推迟，在上午气温回升后

9时左右或中午浇水。总体原则是：以上午为好，气温高时早一点浇，气温低时晚一点浇。当然，如果盆土太干了，为了让兰草早一点解除旱情，傍晚浇水也未尝不可，只要注意别将水灌入叶心。

3.浇水用水的水质

栽培兰花用水要纯净，以清洁、微酸（pH5.5左右）为好。通常以雨水为佳，河水为优，自来水为次，井水不可以用。

雨水中矿质养分多，其中春雨特佳，雷阵雨偏优，秋雨次之，人工雨忌用，酸雨有害。

河水、塘水大多是雨水汇集而成，对兰花有益，但受工业废水污染的河水千万不可用。

自来水如取自地下则不可以用。如取自江河中其本质仍是雨水，经水厂加工后，有消毒、澄净剂，最好不直接施用。解决方法有二：一是用几个水缸注满自来水，露天暴晒，存放数日，周转使用；二是放入少量果皮，如橘皮、苹果皮等，存放一两天后再用，这对改变自来水的水质有作用。

井水属地下水，水温较低，骤然浇灌对兰花生长不利；此外，井水偏碱性，井水中含钙、镁的盐分较多，经常浇灌对兰花是有害的。

4.浇水的方法

兰花植株所需水分之供给有两条途径：一是靠根部吸收植料中的水分，通过维管输送到兰草全株；二是靠兰叶吸收空气中的水分。懂得这一道理，我们也就知道该如何向兰株供水了。

●｜用浇水器浇水

（1）给兰株根部供水的方法有"浇""洒""浸"3种。

"浇"，就是沿盆四周浇水，此法的优点是水不会灌到叶心，缺点是浇水速度慢，且难以浇透。目前市场上有一种浇水器浇水方便，效果较好。

●｜目前最好用的浇水器

　　"洒"，就是用喷壶、洒水器洒水，把整个养兰环境都喷湿，让水从土表渗到兰根，湿润兰盆。此法的优点是水可浇透整个兰盆，缺点是水易进入叶心内，要小心使用。

　　"浸"，就是将兰盆高度的3/4连同植料一起浸入水中。此法优点是盆土可浸透；缺点是容易传播病菌，且费工费时。通常只是在盆土干足了，采用浇水、洒水的方法均不能浇透时才采用。

● 洒水

● 浸水

　　（2）给兰叶供水的方法有喷雾、增湿两种。

　　喷雾，就是用喷雾器或洒水器喷出细雾，让水直接散落在兰叶上，兰叶通过气孔吸收水分。

　　增湿，就是提高空气湿度，让兰叶吸收水分。增湿的方法有几种：一是用增湿机弥雾；二是用水帘和抽风机；三是兰架下多设水盆，靠水分蒸发；四是人工模拟降雨，溅起水雾；五是向整个兰场、过道洒水。

● 加湿机

● 往过道洒水

5.浇水注意事项

（1）注意水温。冬天所浇水的温度要和室温相近，勿用冷水浇灌。夏天温度较高，如用水塔储水，酷暑天气，需防水温过高而伤及兰株、兰根；也不能骤然用冷水浇灌，过冷的水浇灌同样会伤及兰株。

（2）注意空气湿度。空气湿度太高，接近饱和时，万不可浇水、喷雾；白天空气湿度以60%左右为宜，空气湿度太高会减弱根部吸收水分功能，影响生根数量。

（3）注意保护新芽。新芽开叉期，以实施根部浇水为宜，尽量少洒水、喷水，否则水入叶心容易引起腐烂。

（4）注意不浇半截水。有人错误认为兰花不可多浇水，因而不敢浇水，常浇半截水，造成盆土长期上湿下干，根部因缺水干枯。或者一见盆底流水就停止浇水，造成局部盆土过干。

 老兰家说 **怎样才能做到"浇透"**

"浇则浇透"是给兰花浇水的一个原则。"浇透"的标准是：不仅使水从盆底孔流出来，并且湿透盆中全部植料。有时浇水时虽有水从底孔流出，但往往达不到"透"的标准。对于干燥的颗粒植料，为了使盆中植料湿透，可分数次浇或采用浸盆法浇水。但不要连续使用此法，须间隔一定的时候用一次，让兰花有"喘气"的时间。

（5）注意防酸雨。如用雨水，有两种雨水不可以用：一是酸雨，所谓酸雨即悬浮于空气中的硫化物、氟化物及其他酸性物质，随雨而落，形成带腐蚀性的雨。此水切不可用来浇兰。二是人工降的雨，雨弹中含有化学物质，这些物质溶于雨水中，用来浇兰也会腐蚀兰根。

（三）科学施肥

"庄稼一枝花，全靠肥当家。"这句农谚对兰花也十分适用。兰花在盆中久了，植料中的营养成分逐渐减少，难以满足其长年生长需要，需适当施肥。施肥是兰花栽培中的重要环节。

1.兰花生长所需的主要营养成分

（1）氮素。氮主要促进茎叶生长旺盛、叶色浓绿，可提高兰花的发芽率。缺氮肥时叶色淡黄，新株生长缓慢，兰株叶片变少，发芽率下降。氮素以豆饼、油料作物和尿素中含量较多。

（2）磷素。磷能促进根系发达，植株充实，促进花芽和叶芽的形成和发育，增强兰株的抗病能力。缺磷的兰株叶薄软而无光，根部生长不良。磷素以骨粉和过磷酸钙中含量较多。

（3）钾素。溶解并传输养分至细胞，使植株坚挺，茎叶组织充实，增强植株抵抗病虫害的能力。缺钾的兰株衰弱，植株变矮小，叶片卷曲疲软倒伏，叶尖焦灼，甚至生长受阻。钾素以草木灰和氯化钾等含量较多。

氮、磷、钾是促进兰花生长的主要营养成分，我们通常所说的施肥，也主要施氮、磷、钾这3种肥料。此外，兰花在生长过程中，还需要钙、镁、硫、铁，以及锰、铜、硼、锌等元素。但一般情况下，植料中的微量元素是不会缺少的，基本上不需要添加。如缺少的话可用更换植料的方法予以解决，也可追施全元素合成有机肥，如植全、喜硕、兰菌王等。

2.肥料的种类

兰花肥料的种类主要可分有机肥和无机肥两大类，另外还有高效合成花肥和生物菌肥。

（1）常用的有机肥主要是沤制肥。传统使用的沤制肥，制作原料种类很多，如可将豆饼、菜籽饼、鱼腥水、鸡毛、鱼肚肠、螺蛳、河蚌等封闭泡液，沤制2～3年，经充分腐熟后取清液稀释使用。沤制肥中氮、磷、钾等肥分较为齐全。

 老兰家说 **沤制肥太臭怎么办**

沤制肥营养齐全，肥效较长，但各种沤制肥均有臭味。除臭方法有二：一是沤制时间长一点，经3年以上充分腐熟，肥水如黄酒，臭气消失；二是在沤制液中放一点果皮，如橘子皮就能有效除去臭味。

（2）常用的无机肥，主要有磷酸二氢钾和尿素。这类无机肥肥分含量不一，对兰花功效不一，最好混合使用。由于其含有效成分高，分解快，易对兰花造成伤害，因此，使用浓度要很低。有些无机肥制成长效缓释颗粒肥，如魔肥、好康多等。这种颗粒肥使用较安全、方便，因此被广泛使用。

此外，还有高效合成花肥和生物菌肥，主要有兰菌王、植全、促根生等。

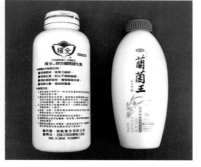

●｜喜硕

●｜磷酸二氢钾、尿素　　　　　●｜植全、兰菌王　　　　　●｜魔肥

3.兰花施肥形式

兰花在一年的生长周期中，分3个阶段：一是营养生长期，即发芽、长草时期，这期间兰株对氮的需要量最大，但也需要磷钾肥；二是营养生长和生殖生长共存期，即兰草继续生长，花芽也在发育，这期间兰株对氮肥的需要量下降，但对磷钾肥的需要量增加；三是生殖生长期，兰草处于休眠期，营养生长基本停止，但花芽发育仍在进行，对肥料的需求较少。因此，兰花除冬季休眠期外，春、夏、秋三季都需要施肥。具体地说，兰花需要的肥料有催芽肥、壮草肥、促花肥和抗寒肥。

（1）催芽肥。为促进早发芽、多发芽，并为赢得早秋有效芽而施用的肥料，一般春分兰花出房后即开始使用，以氮肥为主。

（2）壮草肥。为满足兰株新芽快发育、快成长、快成熟的需要而施用的肥料，是一年中施用肥料时间跨度最长、次数最多的一种施肥形式。以肥料成分齐全的有机肥、无机肥、生物菌肥交替使用，根施、叶面施交替进行为好。

（3）促花肥。为促生花蕾，促进花芽发育生长，达到花多、花大、色艳、味香的目的而施用的肥料，以磷钾肥为主。

（4）抗寒肥。在兰株越冬前30天停施氮肥，多施磷钾肥，以利越冬。一般选用磷酸二氢钾根浇或叶面喷施。

据沈渊如经验，盆兰初春出房后，约在清明前后施肥两次，每次间隔半月（即催芽肥）；幼芽和新根萌发时期需养分较多，需施壮草肥，梅雨期间子草生长甚快，选晴天施肥1～2次（即壮草肥）；小暑时追施淡肥1次，白露至秋分再1次追施淡肥（即促花肥）；寒露后可再追施淡肥1次（即抗寒肥）。

4.施肥方法

施肥的基本方法有施基肥和追肥两种。直接添加拌和于植料中的肥料为基肥。

因在植料中添加有机肥容易诱发病虫害，用量也难以把握，容易烧根伤兰，故近年来一般养兰者已不再采用。

追肥的方法又有根系施肥和叶面施肥两种方法。

（1）根系施肥就是将肥料浇灌于植料中，让根系吸收。根系施肥的方法有"浇""浸"等方式。"浇"是最常用的方法，就是将肥液沿盆面灌注于植料中。"浸"就是将兰盆直接坐浸在肥液中。以上两种方法均有利有弊，采用得当，施得合理，方可有利而无害。兰花施肥方法多用"浇"。

根系施肥要注意如下几点：

首先，要杀虫灭菌。有机肥原液可能含有虫或病菌，因此原液在兑水前要加入杀虫杀菌剂，待1小时后再兑水稀释。

其次，浓度不能太大。施肥量要少、浓度要淡、次数要多，即通常说的"薄肥勤施"，千万不可过浓、过量，否则易遭肥害。

第三，施肥时要环绕盆沿浇灌，避免溅到叶面和灌入叶心，尤其是已开叉的新芽，否则易引起腐烂。

第四，要浇"过肥水"。傍晚施肥后的第二天早上应浇"过肥水"，其作用有两点：一是洗去沾在兰叶上的肥液；二是淋去残留在盆料中多余的肥分，以避免产生肥害。

第五，新上盆的兰株不可根系施肥，必须待半个月以后才能施肥。

第六，低于10℃的低温天、高于30℃的高温天、空气湿度饱和的阴雨天，均不要施肥。

第七，根系施肥的时间以傍晚为好。傍晚施肥经一夜吸收，第二天早上再浇1次水，可避免肥害。如果早上施肥，白天经太阳光照射，盆中温度升高，极易烧根伤苗。

第八，未服盆的返销草不能根施有机肥或无机肥。

第九，根系施肥一般以有机肥为好，尽量不要根施无机肥，无机肥容易烧根，并使兰株很快烂根死亡。

 老兰家说　**根施有机肥时盆土不宜太干**

给兰花根施有机肥时盆土不宜太干。如果盆土太干兰根缺水，施肥后兰根吸足肥液，兰根内肥分浓度高，易产生肥害。如果盆土不太干，兰根内尚含有一定的水分，施肥后根内肥分浓度不很大，不会产生肥害。

（2）叶面施肥就是将一定剂量和浓度的无机肥水溶液喷施到兰花叶片上，起到直接给植株供给养分的作用。叶面施肥具有用量少、针对性强、吸收快、效果明显、成本低等优点。对无根和少根的兰株特别有效。

叶面施肥要注意以下几点：

首先，喷施有针对性。也就是依兰株在各个生长时期所需要的养分而选用相应的肥料，有针对性地补给。如新芽生长期需以氮肥为主，同时需配以钾肥才起作用；新苗成熟时要增补钾肥，确保植株苗壮成长；孕花期需补磷肥；另外线艺兰少喷氮肥，以防氮肥过多，叶绿素增加，线艺退化。

其次，混用有科学性。虽然商品叶面肥的肥分较全，但不要老用同一个品种，应用不同品种的肥料混合并交替使用，取长补短，以使营养更加全面。例如，使用尿素作叶面肥，必须和磷酸二氢钾混合，否则兰苗易疯长。此外，还需注意酸碱不混合，生物菌肥不和其他肥混合。

第三，浓度比例恰当。使用浓度严格按照有关说明，严禁随意提高浓度，以免适得其反，产生肥害。一般情况下，液态肥用针筒量化，固态肥用天平秤称重。

● | 用天平秤称肥料

第四，喷施时间合理。叶面施肥一般选晴天傍晚太阳光照射不到叶面、喷施后1小时内叶片能干爽的时候为好。这样做，一方面有利于兰叶夜间吸收养分，另一方面避免光照造成肥害，防止叶心积液而造成烂芽。另外，要注意间隔时间别太短，以10天左右一次为好，以免营养过剩。

第五，讲究喷施方法。因肥料要通过叶片气孔吸收进体内，而叶片气孔主要分布在叶背，故喷施叶面肥要喷及叶背，喷头要朝上，雾点要细。同时喷施的量也不要太大，以叶片不滴水为好，以防肥液积聚叶尖，产生肥害而烧尖。

第六，休眠期少喷。低温休眠期兰株生理活动减弱，一般不吸收肥料。但可半月左右喷一次提高抗寒能力的磷酸二氢钾及容易吸收的生物菌肥。

第七，慎用生长激素。生长激素确有很好的促进植物生长发育、提高发芽率等作用，但它的主要功能是促进细胞伸长，施用后会出现兰株疯长甚至倒伏现象，对兰株的健康有明显的影响，还是别用为好。

第八，看天气施用。雨天空气湿度大，水分难以蒸发，肥液在叶面停留时间长，容易造成肥害。高温天气，特别是气温高于30℃以上的大热天，水分蒸发太快，会使叶面肥的浓度迅速提高而产生肥害，故不宜喷施。

第九，喷施后洗叶。傍晚施肥后的第二天早上需喷一次水，洗去兰叶上残留的肥料，以免太阳光照射后引起肥害。洗叶有两种方法：一是用清水直接喷淋兰叶；二是在水中加入杀菌剂，用喷雾器喷雾，喷施量稍大一点，一举两得。

第十，叶面施肥不能代替根系施肥。叶面施肥是施肥的辅助手段，是对根部吸收不足的弥补，不能完全代替根系施肥，否则会造成根系萎缩，生长不良。

5.施肥注意事项

（1）兰花种类不同，需肥量也不同。如蕙兰需肥量大，而春兰需肥量小，只要蕙兰的1/3就行。

（2）栽培植料不同，需肥量也不同。如以火山石、砖粒等硬质材料作植料，因其本身含肥分较少，要多施肥；而用腐叶土等作植料，因其本身含肥分较多，要少施肥。

（3）苗情不同，需肥量也不同。壮苗大苗要勤施多施；老弱病幼苗应素养，否则，欲速则不达。

● | 遭肥害的兰根发黑

● | 兰草肥伤焦尖

（4）多种肥料交替施用。使用单一肥料难以保证肥分的多样性、完全性，一般来说，以有机肥、无机肥、生物菌肥交替使用为佳。

（5）看根施肥。根系短粗，说明肥量过多；根系发黑，说明已有肥害；根系长，说明肥料不足；根系多而细，说明肥料严重不足。

（6）看叶施肥。如兰叶质薄色淡，表明缺肥；兰叶质厚色绿，表明不缺肥。施肥后叶色浓绿，表明肥已奏效；如叶色不变，表明肥料太淡，要增加浓度。

（7）花期不施肥。花蕾露出盆面后，再施肥会刺激营养生长而抑制生殖生长，导致花蕾发育不良或开花花瓣不舒展，花早谢。

（8）动物肥和植物肥须充分发酵。如施用鲜肥，兰根发黑，兰叶焦尖。

（9）注意肥害。施肥后叶色发黄，叶尖枯焦，表明用肥过多或过浓，应立即大量浇水或翻盆换土进行抢救，否则兰株将有可能死亡。

（10）搭配施肥。在兰花生长发育的过程中，氮、磷、钾都是必需的营养元素。单施氮肥缺少磷钾，会使植株徒长，叶质柔软，易发生病虫害；而偏施磷钾肥缺少氮肥，兰株生长矮小，叶色黄绿硬直，缺少光泽，新芽少，植株容易老化。因此，要处理好三要素的关系，不能只施哪一种肥料，但在兰花生长早期应氮肥多一点，生长中期应钾肥多一点，而生长后期应磷肥多一点。

（四）适当光照

柔和的光照是兰花茁壮生长必需的基本条件之一。光照适宜，兰草茁壮刚健；光照不足，兰草叶薄疲软；光照过强，兰草焦头缩叶。只有光照合理，阴阳适度，兰花才能假鳞茎饱满，贮存的养分才会充足，来年才能多发芽、发壮芽。

● 阴养的兰草叶薄疲软

● 光照过强兰草焦尖

1.气温较高时需要适当遮阴

兰花遮阴，就是想办法避免兰花直接受过强阳光照射。夏天炎热，必须采取遮阴措施。如不采取遮阴措施，兰草不仅生长矮小，而且焦头缩叶。

何时遮阴？很容易把握：树木何时发芽开叶，就从什么时候开始遮阴；树叶何时开始发黄并落叶，就何时结束遮阴。清明时节树叶开始萌发，4月中下旬枝叶已很茂盛，遮阴工

● 未遮阴的兰草

作也就从4月下旬开始。兰花遮阴一般从4月下旬温度达25℃左右时开始（未使用阳光板则在20℃左右就要开始），遮去50%的阳光；至5月下旬温度达30℃以上时，必须再加一层遮光率50%的遮阳网，使遮光率达70%；直至国庆前后气温降至30℃以下时，再改用一层遮光率50%的遮阳网。10月中旬树叶发黄并开始下落，遮阴工作也在这时结束。当然，这里的时间设定也不是绝对的，要视温度、天气情况而定。即使在冬季，如果气温过高，阳光过强，也需要适当遮阴。判别遮阴工作做得好不好有一个标准：如果兰花叶片普遍粗糙并显黄色，则是光照过强，需加强遮阴；如果兰花叶片普遍浓绿柔软，则是光照过弱，需增加光照。

2.兰花需要适当地接受阳光

兰花"喜阴而畏阳"，但这是相对的，不是说兰花不需要阳光。如光照不足，兰叶浓绿叶薄，疲软徒长，极易倒伏，且不易见花；这种兰苗，一旦别人引种后，在自然环境中栽培，则很快枯尖、缩叶，并因不适应环境而发生病害。

 老兰家说　　**阴养兰花的弊端**

（1）合理的光照能使兰花多发芽。阴养的兰花发苗率很低。

（2）合理的光照才会产生花蕾。阴养的兰花不易从营养生长转入生殖生长，很少产生花蕾。

（3）合理的光照能使兰株强健。光照合理，兰株健壮挺拔。阴养的兰叶薄而疲软，一旦见阳便会焦头缩叶。

（4）合理的光照能增强兰花抵御病虫害的能力。如蜗牛、蛞蝓等害虫喜欢在阴湿的环境中滋生。紫外线能有效地杀死一些病菌。

● 兰草接受全光照

　　兰花在夏天、早秋、中秋时节，适宜接受星星点点的零碎光照（散射光），不可直射，更不可暴晒。

　　兰花在早春、晚秋和整个冬季都可以全光照。但温室如为玻璃屋面，遇气温过高、光照较强时仍需遮阴，否则也会对兰花生长产生不利影响。

　　但上面的说法也不能一概而论，更不能机械照搬，是否接受光照还要依兰花的种类、放置场所的方向以及每天的天气情况而定。早晨的阳光要多晒，下午的阳光要多遮；蕙兰要多晒，春兰要多遮；朝东的兰花要多晒，朝西的兰花要多遮。

老兰家说　　**梅雨过后防暴晒**

　　梅雨季节阴雨连绵，因而光照柔和、空气湿度较高、温度适宜，兰花生长条件优越，进入快速生长时期。梅雨过后兰花生长条件反差很大，骄阳似火、空气湿度降低、高温酷热，因而防暴晒是梅雨过后的养护重点，此时要及时拉上遮阳网，否则叶片极易焦尖。

3.调节光照的措施

　　给兰花调节阳光，是每一个养兰人必做的功课。调节阳光的方法有下列几种：

　　（1）设置阳光板。阳光板是一种中空板，有散射作用，阳光经过折射后光质、光量均有所下降，照到兰花上十分柔和，且兼有挡雨作用，可谓一举两得。因阳光板具有一定降低阳光强度的作用，故有阳光板的兰棚，可在气温25℃左右开始遮阴。但不可全封闭，否则兰园不透气。

　　（2）设置竹帘或芦帘。竹帘或芦帘遮阴效果虽好，但笨重，工作量大，现已少采用。

　　（3）设置遮阳网。遮阳网有遮光率50%的，也有遮光率70%的，由塑料丝编织而成，遮光效果非常好，且又通风透气，晚秋如有霜还可用来遮霜。遮阳网可做成活动式的，可以随时调节：阴天拉开不遮，晴天再拉上；晚上拉开，白天遮上，使整个兰棚凉风习习，光斑点点。遮阳网实在是最适宜的遮光材料。

●│设置遮阳网

笔者认为，调节光照以第一和第三种方法结合起来为最佳，即在兰架上设置一层阳光板，在阳光板上再设置一层遮光率50%的遮阳网。平时光照不太强，温度低于25℃时，可不拉遮阳网；光照特别强，温度高于25℃时拉上遮阳网。这样，兰棚既透光、又遮光，既透气、又挡雨，实为最佳选择。

● ｜阳光板上拉遮阳网

（五）适控温度

兰花正常生长需要一定的温度。一般来说，兰花最适宜的生长温度是15～30℃，在这温度范围内兰花生长较快。气温超过30℃，兰花生长缓慢；低于15℃，兰花不生长；气温在0℃以下时兰花受冻，温度太低甚至有可能被冻死。因此我们必须控制好养兰场所的温度，确保兰花的正常生长。

1.夏季要降温

一般情况下，人工栽培兰花场所盛夏的温度高达35℃以上，明显高于兰花原生地的深山老林的温度，影响了兰花的生长。如果想办法将兰场小环境的温度降至30℃以下，就可延长兰花的快速生长时间。通常的降温措施有：架设遮阳网，盛夏盖双层，遮住强光照射，能有效降低兰场温度；安装排风扇，增加空气流动，降温效果也很显著；设置水帘等增湿装置，能很快降低兰场温度；给兰棚地面洒水，亦能降低兰棚温度。

2.冬季要保温

冬季是一年中最寒冷的时期，在我国长江以北地区，最低气温可达-20℃以下，而兰花是一种喜温暖、怕寒冷的植物，如果不采取措施，兰花就有被冻伤的可能。因而在冬季要采取保温措施，确保兰房、兰盆不结冰。在一般情况下，兰房不会结冰，温度在0℃以上可不加温。如兰房温度低于0℃，可适当加温，但需注意加热时温度不可过高，以夜间高于0℃、白天不高于10℃为宜。

老兰家说　　冬季加温至10℃以上好不好

　　兰花的生长是有规律的，冬季兰花营养生长停止，进入休眠期。同时兰花进入低温春化阶段，生殖生长缓慢进行，为来春开花积蓄力量。如果这段时间将兰房加温至10℃以上，花蕾将快速生长，不能有效进行春化作用，常出现"借春开"现象。

3.春秋要控温

　　合理调控温度会促进兰花生长，例如在春分后兰房温度低于15℃时，将兰房温度提高到15℃以上，可使兰花提前半个月进入生长期，使兰花早发芽。在晚秋的霜降后温度降至15℃以下时，采取措施将兰房温度提高到15℃以上，可使兰花延迟半个月左右进入休眠期，从而延长兰花的生长时间，促使秋芽尽早成熟。但每次时间不可太长，否则会严重干扰兰花的生理活动，造成意想不到的危害。

4.夜间不加温

　　白天温度较高，兰株进行光合作用，制造、积累有机物，储备能量，同时进行呼吸作用；夜间兰株停止光合作用，呼吸作用仍在进行，在夜间给兰花加温，呼吸作用加强，不利营养的积累，从而不利兰花生长。

5.提倡自然栽培

　　自然界四季的交替也是有规律的，兰花也就适应了自然界的这种冷暖交替、四季循环的变化。这就是植物学上所说的"物候"。兰花春末夏初发芽，夏末秋初孕蕾，冬季育蕾，春季开花，每一物候期都有一定的温度范围，兰花只有在适宜的温度范围内才能顺利地生长发育，完成"发芽、生长、开花"的生命周期。

　　笔者主张自然环境栽培兰花，即清明前后兰花出房在露天栽培，夏天不挨烈日暴晒，拉遮阳网就行。小雪前后兰花入房在兰房内栽培，冬天只要不挨冻，在0℃以上即可。这样栽培出来的兰花生长特别健壮，芸蔚兰苑、毓秀兰苑均在自然环境栽培，兰花明显比室内栽培的健壮，且花品好。

（六）适宜湿度

　　野外兰花生长的森林中的空气湿度一般可达60%～80%，但冬季只有40%～50%，夜间比白昼还要低10%～20%。兰花对空气湿度的要求是：生长季节要高，休眠季节略低；白天空气湿度要高，夜晚空气湿度略低。兰花在正常的空气湿度下生长，兰叶有光泽、柔顺、油亮，生气勃勃；空气湿度过低，叶面粗糙，生长受阻。

一般情况下，人工栽培兰花场所的空气湿度明显低于兰花原生地的深山老林，夏季只有40%左右，冬季只有20%～30%，和原生地差距较大。因此，我们有必要提高养兰场所的空气湿度。

提高养兰场所的空气湿度，可采取如下措施：

1.地面洒水

兰房、兰棚地面最好是天然泥土地面，不要浇成水泥地，最多将过道路面浇成水泥地或铺以砖块、石沙等物。经常向地面、过道、兰架及周边墙壁洒水，保持湿润。地面洒水，可提高空气湿度，同时潮湿的泥土地面有地气上升，也可提高空气湿度。要注意给养兰场地洒水时，不要经常将水洒到兰叶上，过多地给兰叶洒水会提高病害发生率。

2.空中喷雾

空中喷雾增湿的方法较多，可用弥雾机、水空调、水帘、增湿机。这些装置可以用人工智能控制，当养兰场所空气湿度低于50%时即可启动这些喷雾装置；当养兰场所空气湿度达到70%时关闭喷雾装置。这些装置在夏天不仅能增湿，而且降温效果也很明显。

空中喷雾增湿要注意下列几点：

（1）如使用增湿装置要配备换气扇或排风扇，以利于兰房更换新鲜空气，切忌为了增湿而封闭兰房。

（2）用于水帘增湿的水最好不要反复循环使用，如需循环使用要在水中加入杀菌剂。

（3）增湿装置启动不能过于频繁，要给兰草有"喘息"的机会，让兰草经受低湿环境的锻炼。

（4）增湿装置在早晨、傍晚、夜间不启动，冬天不启动，阴雨天不启动。

3.增加水面

由于水分蒸发会不断产生水蒸气，因而在养兰场所增加水面面积，也可以提高兰棚的空气湿度。可以在养兰场地增加一些水面，如设置水池、水盆、水缸、水桶等，较大的贮水器内也可以养殖观赏鱼类，这样既能提高兰场的空气湿度，又能美化环境。

老兰家说　　抑制兰房霉菌滋生有什么办法

抑制兰房霉菌滋生的办法有四：一是兰盆要稍偏干，浇水不宜太频繁；二是通风透气，选择晴天中午打开南面的窗户，换进新鲜空气；三是喷洒杀菌药，抑制霉菌生长；四是如盆数不太多，亦可在晴天中午将兰盆搬出，放避风向阳处晒一晒。

二、特殊兰苗养护技艺

（一）无根苗的养护

兰花因栽培管理不当引起了烂根或空根，但假鳞茎尚未腐烂，兰叶尚存，即为无根苗。

引起兰花烂根的主要原因有下列几个：盆具不透气；植料不疏松滤水，透气性不强；浇水过勤，经常积水；施肥不当，浓度太大，造成肥害；长期干旱，引起空根。

在一般情况下，3年以上的无根老苗已经很难再发新根，只有1～2代的年轻兰苗经精心养护，尚有再发新根的可能。因此，无根苗的养护，一是围绕无根苗再发新根进行养护，二是促使无根苗再发新苗。

促使无根苗再发新根或再发新苗的具体方法如下：

（1）用甲基托布津（甲基硫菌灵）或多菌灵等农药进行消毒，以防继续烂根或烂假鳞茎，晾干后再用生根剂、催芽灵浸泡假鳞茎，这样有助于无根苗再生新根、萌发新芽。

（2）用水苔包裹假鳞茎。水苔保湿透气，有利于萌发新芽、新根。

（3）选用小一点的泥瓦盆种植。泥瓦盆透气性好，有利于无根苗生根、发芽。

（4）选用仙土、水苔、树皮、草炭等混合植料种植，混合植料透气性好，含有少量肥分，适宜栽培无根苗，有利于萌发新芽、新根。

● │ 无根苗

● │ 水苔包裹假鳞茎

● │无根兰花发出新芽

● │弱苗

● │复壮的明州梅植株越来越大

（5）栽后不过多浇水，培养土只要湿润有潮气就行。盆土过湿，不利于兰花生根。

（6）一年内不根施肥料，以免产生肥害伤及新发的嫩根。如需施肥，最好喷施叶面肥。

（7）无根兰花吸水能力极差，为避免蒸腾作用过强，应避免阳光直射，放散射光处养护。

一般情况下，经过几个月的精心养护，无根兰花就会长出新根，并发出新芽。待新芽长出新根就大功告成了。

（二）弱苗的养护

芽发多了，有时会长出一些弱苗；老芦头也会发出一些弱苗；在引进兰花品种时，由于种种原因，有时也会无可奈何地引进弱苗。这些弱苗如是名种、精品甚至是稀世珍品，就要精心养护，使其尽快复壮。

弱苗复壮，须注意以下问题：

（1）盆具须小。弱苗必定根弱。如果苗小根少盆大，兰根在盆中不透气，容易积水而导致烂根。盆具过大，假鳞茎周围温度上升慢，影响兰根和兰芽的萌发，影响兰花的正常生长，故弱苗应用小盆。

（2）植料须透气。苗弱，根不仅弱，而且少，只有用疏松、透气、渗水、卫生、微酸性的颗粒植料栽种，方能保护兰根，促发更多的新根，让弱苗尽快复壮。

（3）栽种须稍深。当代植兰大多采用颗粒植料，苗弱根少的兰苗，应适当深种，这样假鳞茎的周围才会有一个水分不易散失、植料又偏"润"的适合兰花生长的小环境。这样的小环境不仅有利于兰根的生长，而且有利于再发新苗。新芽在盆中的生长位置较深，往往能长成大草。

（4）水分须偏干。兰苗弱小、蒸腾作用弱，兰根弱小、吸水能力差，因此需水量也相应较少。我们在管理过程中，浇水量要偏少，要让盆土适当偏干些，使兰花处于"润"而不"湿"、"干"而不"燥"的状态，从而促使兰株多发新根，为弱苗复壮打下良好的基础。

（5）养护须偏阴。"阳生花，阴长叶"，弱苗应适当阴养，这对兰草尽快复壮是大有益处的。

（6）根系忌施肥。"虚不受补"，苗弱根差的兰草，根系吸收肥料的能力很差，因此万万不可急于求成，应顺其自然，素养促根。但弱苗是要适当补充一点营养的，可用叶面施肥的方法，选用浓度较低的兰菌王、植全、喜硕、磷酸二氢钾等溶液喷施，以满足兰花对肥料的需求。

（7）发苗数量须限制。兰花苗弱根差，如果发苗多，会导致营养供应不足，长小苗，不利复壮。一般情况下只留1个壮芽，其余都应剥除，以集中营养长大苗。

采取上述方法，草弱根差的兰花经2～3年的精心养护后，兰根会明显增多，草会明显长得高大。

（三）返销草的养护

不少兰友反映，返销草比原生种难种，其实只要了解返销草原来的生长条件，尽可能采用返销草原生地的种养方法，就能种好它。具体来说，主要管理措施如下：

（1）严格消毒。有些返销草在温室里长大，抵抗力较弱，加上从境外带到大陆，几经周转，极易感染病菌。因而栽种前要用甲基托布津（甲基硫菌灵）或多菌灵等消毒液浸泡消毒，晾干后再栽种。对于带传染性疾

● 复壮的蕙蝶一年比一年壮

● 弱苗发了3苗小草

● 复壮的蝴蝶龙发了双垄

● | 病毒病代代相传，无药可治

病或病毒病的兰苗则要坚决拒绝不引进。笔者20年前购买的带病毒病的返销草，经多种药剂治疗，均不见效，病毒病代代相传，虽死不了但也活不好。

（2）用颗粒植料。日本、中国台湾等地的返销草，原先大多用颗粒植料栽种，仍需用疏松透气、排水良好的混合硬质植料种植，才有利于存活。如果用腐叶土或塘泥等栽种，再加浇水、用肥不当，极易导致返销草烂根倒苗。

（3）放阴处养护。返销草大多在现代化的兰房长成，条件优越，光照柔和，兰草高大、滋润秀气，但十分娇气。引种后要放阴凉的散射光处养护，减少强光的照射和水分的蒸发，返销草才易成活。

（4）薄肥勤施。返销草原先一般都是采用叶面喷施无机肥或盆面撒施颗粒肥等施肥方式，引种后如果施用浓度较高的有机肥，极有可能烧坏兰根。因此，引种后仍以叶面喷施无机肥或盆面撒施颗粒肥为好。

（5）及时供水。返销草在全自动控制的现代化兰房里生长，对水分要求甚高，引种后又是用颗粒植料栽种，如不及时浇水，容易失水干枯而导致倒苗。

（6）增湿。返销草在现代化兰房里生长时，有增湿装置，环境湿润，一旦采取粗放管理，空气湿度不足，势必焦头缩叶。因此在自然环境下粗放种植时，也要经常给兰株、兰场喷水，让养兰场地保持一定的空气湿度。

采用上述措施，返销草一般都能健康生长。1年后基本能适应本地环境，4～5年后植株全部更新，返销草性状基本消失，新株和原生种状态完全接近。

● | 返销草老极品性状和原生种接近

（四）叶艺兰的养护

叶艺兰是指兰花叶片发生变异，叶面分布白色、黄色或透明的色线、色斑的兰花。

在叶艺兰的栽培管理上，要注意下列几点：

（1）原土栽种。山采的叶艺兰最好带原生土栽种，而且要多带一点土，留作以后翻盆用。如果出艺的原因是土壤中存在放射性物质或有某种特定营养元素，一旦离开原来生存的土壤，极有可能退艺。

（2）采用弱碱植料。培养土要选用弱碱性、养分含量较低的颗粒植料。弱碱性有利于抑制叶绿素的产生。不要选用养分含量较高的腐叶土、草炭等栽种。如果植料过肥，容易引起退艺。

（3）施肥。一要少施叶面肥，喷施叶面肥会使叶色变绿而导致退艺。二是叶株在幼苗期少施氮肥（这一点和其他兰花正好相反），以免退艺。三是成株后少施磷钾肥，避免叶片增厚、叶色加深，不利线艺显现。

（4）增加光照。长期阴养的艺草，不仅线艺难以显现，而且还会引起线艺逐渐消失；而适当增加光照，有利于线艺的显现。

（5）定向培育。出艺后的兰草还可能退艺。要想使出艺的兰草继续进化，唯一的办法就是定向培育。　所谓定向培育，就是人为地采取措施，促进兰苗向变异的方向发展。

● │ 叶艺兰

● │ 这盆艺草要切开定向培育

定向培育的方法有3种：一是切割分离，即将变异的艺草切割下来单独栽植，促使兰苗继续进化。二是去粗取精。艺草发新芽时，如芽上无艺，则将芽摘除，逼其再发新芽，直到发出有艺的新芽为止。三是化学诱变。据有关报道，对已经变异的艺草用一定浓度的秋水仙素处理，则会使已变异的艺草植株体内的染色体增加，从而诱使其继续变异。

◇促芽增苗篇◇

　　众所周知，新的兰苗是从假鳞茎上生长出来的，因此要提高兰花的发芽率，首先必须弄清兰花的发苗原理，搞清兰花的假鳞茎是怎么一回事。兰花的假鳞茎是兰花的变态茎，多呈椭圆形，具有储存养料和水分的功能，是长叶、生根、发芽、开花的载体。它通常由10～16个缩短的节组成，每个节上都有生长点，顶部的几个生长点生长叶片，起光合作用和蒸腾作用；中上部几节的生长点被脚壳（叶鞘）包住，大都发育成花芽，也有少数发育成叶芽的，称上位芽；中下部6个左右节位上的生长点大都被膜质化鳞片包住，大都转化为兰苗，也有生根的；最下部的几节生根，用来吸收养分，并起支撑固定作用，有时会发芽，称下位芽。因此，一苗成熟兰株的假鳞茎上有6个左右的芽点，从理论上说每苗可生6个兰芽。家庭养兰一般发一芽，健壮草发双垄，发3苗者较罕见，其余的芽点则呈休眠状态。这就是兰花发苗的基本原理。

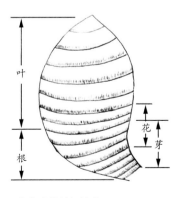

叶

花
芽

根

● │ 兰花的假鳞茎

● │ 发双垄的兰苗

　　养兰人的任务，就是在弄清兰花发苗的基本原理，掌握兰花的发苗规律的基础上，充分发挥主观能动性，采取适当的措施，不让休眠芽沉睡，设法唤醒它，以达到多发芽、发壮芽的目的。具体来说，有如下措施。

一、适度分株

从理论上讲，兰株的营养是以链式输送的，新的生长中心形成后，为了保证它的正常生长，就吸收了邻近兰株制造的营养物质，这就是我们通常所说的顶端优势。这一优势抑制了其他休眠芽的萌发。据此，我们可以采用截断营养链的方法，即通常说的分株，使兰株制造的营养不再往顶端输送，以促使休眠芽萌发，从而达到多发苗的目的。

从实践上看，适度分株也是完全必要的。

（1）盆里的兰株多了，形成"僧多粥少"的局面，营养供应不上，势必少发苗，发小苗。

（2）盆里的兰丛大了，兰株多了，兰根在盆中盘根错节，下部萌发的兰芽挤不出来，甚至钻进根部憋死，造成夭折；即使发出芽来，新芽的根也无立锥之地，草也长得很弱。

（3）老草新苗数代同堂，老兰株不仅不发芽，还要消耗营养，要"儿孙赡养"，影响新草多发芽，发壮芽。

（4）古人养兰有"极弱则合，极壮则分"的说法，"分"就是指分株。过壮、过大、过密的兰丛，其发芽率往往极低，白白地浪费了资源。

笔者有一盆极壮的崔梅，两次在兰博览会上得了银奖，由于草极大，舍不得分盆，7苗大草当年只发了3苗。后来笔者将这10苗草分成5盆，每2苗一盆，其中有两盆发了3苗，其余每盆均发了2苗，总共发了12苗。如果不分最多只能发3～4苗。实践证明，及时地合理分株有利于多发苗，这是无可争议的事实。

● 因顶端优势作用，满盆大草只发1苗

● 满盆大草，该分株了

● 3苗发3苗的崔梅

二、老草另植

一般来说，根系较好的老草可制造营养，默默无闻地输送给下一代，但也有一些无根或根系很差的老草本身所需的营养是由新株为其提供的，靠"儿孙赡养"，这样的老株势必影响新株的成长和发芽。因此要老草另植。

前人在谈到分株时总是说务必"三代同堂"。应该说有它的道理，有利于发大草、壮草；但也有弊，主要是老草和新草连在一起，数代同堂，老草难以再发新芽，只好"颐养天年"，等着"寿终正寝"。

● 老草另植（绿牡丹）

笔者认为最好的做法是：视兰丛情况，在分株时将垄头分别切下2～3株，以利前垄草发壮芽、长大草，而后垄老草则以2～3株一丛分开另植，这样做可使几年不曾发芽的老草返老还童，焕发青春，再生贵子，提高兰花的发芽率。

2008年，笔者将2苗大叠彩老草另植，竟发3芽；3苗仙荷极品老草另植亦发3苗；4苗上海梅老草另植，发了3个芽。可以说是百发百中，捷报频传。如果不将这些老草切下另植，它们是根本不可能发芽的。

● 2苗大叠彩老草发了3个芽

● 4苗上海梅老草发了3个芽

老兰家说　抓住老草另植的时机

老草另植要抓住时机，这个时机有两个方面的含义：一是老草另植的具体时间，春兰在3月、蕙兰在4月（花期过后）比较合适，1个月以后即能发芽，当年即可成草。二是抓好适龄老株另植时机，春兰3龄、蕙兰4龄较为适宜。草龄过大的老草太衰弱，不仅难发苗，而且新苗弱小，不利复壮。

三、扭伤处理

扭伤假鳞茎连接处，促使多发芽，是我国兰界先辈传下来的传统经验。在理论上这是正确的，实践上也是成功的。从理论上说，假鳞茎连接处被扭伤了，兰株间营养的输送受到影响，老草制造的营养向前端输送遇到了困难，从而激发了老草上休眠芽的萌发。

● 扭伤连接茎的苏州春一品后垄草发了2苗

具体做法是：在春天3～4月，脱盆取出兰草，用两手分别捏住两个假鳞茎的中上部，以免捏伤芽点，分别向相反方向扭90°，听到"噼啪"一声即可；如果听不到响声，可继续扭至180°即可。注意不可完全扭断连接茎，要使其呈半分离状态。然后在扭伤处敷上甲基托布津（甲基硫菌灵）粉末，以防感染病菌。最后将兰株种入盆中。不用多久，处于半分离状态的爷代、父代、子代的假鳞茎就可各自发出新芽，有的还能发双垄。采用这种方法发出的芽也较苗壮。

2007年春天，笔者引进了3苗老天禄壮草，假鳞茎饱满，前垄已见1苗新芽，采用上述方法分别将两处连接茎扭伤，随后爷代、父代、子代的每个假鳞茎都发了1苗；同日又将2苗上品圆梅如法炮制，1苗1组从中扭伤，1个月后每苗兰草都各发1苗。后又将一盆新春梅的连接茎进行扭伤处理，后垄草也发了2芽。真是弹无虚发。

● 2苗上品圆梅各发1苗

老兰家说　　**蕙兰扭伤处理要慎重**

　　扭伤假鳞茎连接茎的方法主要适用于春兰。蕙兰由于假鳞茎较小，而连接茎短而粗大，尤其是蕙兰新苗和母代苗的连接茎更粗大，难以处置成半分离状态。如果处理不好，将假鳞茎扭伤了，而连接茎还不动，会造成损失。一般情况下，蕙兰需3年以后连接茎才增长变细，届时作扭伤处理还是可以的，但一定要慎重，必须先确认连接茎已经增长变细后方可下手。

四、拆单种植

　　古人云，兰"喜簇聚而畏离母"。一般不提倡单植，均认为以3～5株一丛栽植最好。

　　古人的话是有道理的，因为春蕙兰单株栽种发的草小，难以生长成大草，更难以见花。但是由于有些兰花种类生性强健（如建兰等），拆单后所发新苗也不弱；此外，眼下兰花价格高，加上珍稀品种供不应求，于是就有了拆单种植的新尝试。

　　应该说，将兰花拆单繁殖的理论依据和扭伤假鳞茎连接处的道理是一样的，即截断假鳞茎间的营养输送，激发假鳞茎上的休眠芽萌发，理论上是完全正确的。

　　拆单种植宜在4～5月间进行，此时的温度较适宜于兰花尽快地发芽生根。

　　拆单种植有两种做法：

　　（1）将翻盆拆下的单苗另行栽植，发出的草要小一些，管理难度也较大。被拆下的单株苗最好几苗合栽一盆，可减少工作量。

● 拆单的老朵云发小草　　　　　　● 拆单的崔梅老草5苗合栽发了7苗

（2）采用盆中分株法，即不脱盆，拨去假鳞茎以上的植料，露出2个假磷茎之间的连接茎，用消毒过的剪刀或手术刀将连接茎截断，在伤口敷上甲基托布津（甲基硫菌灵）粉末；过几小时再填上消毒过的植料，最好是植金石和仙土的混合料；过3天待切口结痂后浇水。经20余日即可发现新芽萌动。采用此法发芽早。

●│用剪刀在盆中分株

●│在盆中拆单的朵云发了3苗

2007年"五一"期间，笔者对朵云、蜂巧梅、绿牡丹、新华梅4个珍稀品种的后垄草进行拆单种植，在做法上采用不倒盆的方法，后来朵云发了3苗，其余的均发了1苗，可谓"攻无不克，战无不胜"。

老兰家说　　拆单种植要慎重

拆单种植要慎重，不要一味追求发芽率而连年拆单，发几苗小草实在得不偿失。单株种植的前提是繁殖能力强的品种，且植株健壮、芦头粗大、根系发达。苗弱根差的兰株不宜拆单种植。

五、摘除花蕾

我们知道，花蕾一般产生在父代草上，由上位芽产生，花蕾一旦产生便要消耗大量营养。由于兰株制造的养分集中向花蕾输送，该兰株的其他芽点便受到抑制而不能萌发，直到花期结束并休养一段时间后，芽点才逐渐萌发。开花的植株由于营养消耗太多，发芽受到严重影响，发芽迟，发芽少，发芽小。

　　笔者有一盆可说是天下无双的特大盆解佩梅，每年发出的花蕾均在5个以上，参展时均留3个以上花蕾。连续3年参加兰展，分别夺得金、银、铜奖，立下赫赫战功。其花照被许多杂志、图书刊登。然而这盆花由于连年"南征北战"，元气大伤，从中国（南京）首届蕙兰展回来后，不仅发芽少，而且只发了几苗小草，风光不再。另有一盆解佩梅，笔者于冬季11月将花苞全部摘去，来年发了6个壮芽。还有一盆新华梅，笔者也在冬天将所发花蕾一律摘去，早春前垄草即发双垄大芽，5苗发5苗，发苗率达100%，呈现出一派欣欣向荣的景象。

● 连年开花后的解佩梅

● 解佩梅发了6个芽

● 5苗新华梅发了5苗

　　由此可见，兰花开花也要有一定的度，即使参加兰展，花蕾也不宜留得过多，一般以1~2个花蕾为好，其余的应全部摘去。这样可使养分集中，可提高兰花发芽率。

　　摘蕾的方法：用大拇指和食指捏住花蕾旋转，即可扭断花茎，拔出花蕾。为防止病菌感染，可在伤口处敷上甲基托布津（甲基硫菌灵）粉末。

● 摘除花蕾

老兰家说　　何时摘蕾较适时

　　摘除花蕾的时间要把握好。如果摘早了，还会再发花蕾；如果摘得太晚，会白白消耗较多的营养。一般情况下，春兰在10月摘蕾比较适时，而蕙兰则可延迟至11月摘蕾。

六、利用"老头"

　　所谓"老头"就是有根无叶、有叶无根或无根无叶的老假鳞茎。这些假鳞茎大多在翻盆时剥下，一般弃去不用。但较名贵兰花的"老头"不妨加以利用，让"老头"上尚存的休眠芽再度萌发，以培育出新的兰株。此法亦不失为提高兰花发芽率的一种积极方法。

　　具体做法：

　　（1）选准时间。时间选在春末夏初，白天温度稳定在15℃以上时进行。

　　（2）修剪"老头"。以2～3个"老头"为一丛，修去空根、烂根、枯叶。注意不要伤及芽眼。

　　（3）浸泡消毒。将"老头"放在稀释1000倍的甲基托布津（甲基硫菌灵）溶液中浸泡10分钟，取出晾干。

　　（4）滴催芽剂。将稀释过的催芽剂滴在假鳞茎上，晾干待种。

　　（5）包裹"老头"。用消毒过的水苔浸泡促根生溶液，包裹"老头"。

　　（6）填培养土。放入盆中，四周填上植金石，并将假鳞茎埋入1～2厘米深

● ｜ 修剪"老头"

● ｜ 浸泡消毒

● ｜ 滴催芽剂

处，放阴凉通风处养护。

（7）正常浇水。不可大干大湿，不可用肥，20天后即可见新芽萌动。由于"老头"的质量、营养蓄积或品种特性不同，发芽时间可能也不同。

老兰家说　**捂"老头"要有耐心**

捂"老头"要有耐心，只要"老头"不烂，总会来芽的。不要经常扒开植料看，因为拨开植料后，"老头"周围的温度、湿度都会受到影响，反而会影响其发芽。

（8）通风透光。新芽放叶后，放至通风透光处，让其逐渐接受光照。素养为好，不要根系施肥，叶面肥以稀、薄、淡为好，否则烧伤新根新叶，得不偿失，前功尽弃。

（9）换新植料。第二年春取出兰株，剔除水苔，剥去枯烂老假鳞茎，换上新的植料，转入正常栽培管理。

此法得到的兰株虽是小苗弱草，但对于名贵兰花而言也很有意义。普通兰花也就无需如此大动干戈了。

● 蜂巧梅"老头"发出的苗

● 泉绿梅"老头"发出的小草

七、适当控温

兰花一年中有春季和秋季两个生长高峰期，同时也有两个休眠期，一是盛夏温度高于35℃时生长缓慢，甚至生长停滞，进入夏季休眠期；二是冬季温度低于15℃时也停止生长，进入冬季休眠期。

● | 一年发二代草的秋芽

据此，我们可以通过适当地控制温度，缩短兰花的休眠期，延长兰花的生长期，以达到让兰花多发芽的目的。

具体的做法是：

（1）从惊蛰开始，将兰房温度提高到15℃以上，时间约半个月，也就是使兰花提前半个月进入生长期。

（2）当夏季兰棚温度高于35℃时，想办法将小环境温度降至30℃以下，从而使兰花正常生长，延长兰花的快速生长时间。

（3）当初冬温度降至15℃以下时，采取措施将兰房温度提高到15℃以上，使兰花延迟进入休眠期，时间亦在半个月左右，从而延长兰花的生长时间。

用这种方法延长兰草的生长时间，只要用得恰当，两年多发一代苗是完全可能的。但要注意：一是要控制好温度，不宜太高；二是每次时间不可太长，要让兰花有足够的休眠时间，否则兰株的抗病能力会下降，从而造成意想不到的危害。

八、加强管理

让兰花多发芽、早发芽、发大芽是一个系统工程，牵涉到方方面面的管理工作，只有管理到位、措施得当，为它创造了良好的生长条件，才能使兰花芽多苗壮。在栽培管理过程中，特别要注意以下几点：

（1）植料最关键。植料是兰花赖以生存的物质基础，也是兰花能否多发芽、

● | 采用混合植料新芽多

发壮芽的关键因素之一。好的植料是：通风透气但不快干，保湿保润但不积水，肥性温和但不暴烈，无病菌，无病毒，微酸性。植料要混配，比例要恰当，优势要互补。用这样的植料栽培兰花，根系才会粗壮，兰草才能健康苗壮，兰芽也自然多发。

（2）要适当深栽。前人提倡上盆时"土盖芦头的三分之二"，这是指用腐叶土（山土）养兰。现在人们都用颗粒植料植兰，且大都有遮雨措施，因而盆面容易干透，再提倡"土盖芦

头的三分之二"，则新萌发的兰芽不仅容易脱水枯萎或形成僵芽，还会造成夭折，因此要适当深栽。一般假鳞茎需埋约1厘米深，这样才具有兰芽萌发及生长所需要的湿润的土壤、荫蔽的环境，以及稳定的温度。

（3）施肥最重要。兰花生长在盆中，现在又多数使用颗粒植料栽种，植料中养分难以满足兰花生长的需要，如不施肥，兰株不可能多发芽，更不可能发大芽、壮芽，因此适时施肥是完全必要的。一要适时施用催芽肥，一般从3月底开始薄肥勤施；二要适施壮草肥，壮草常发双垄，只有草壮才能芽大。壮草肥以叶面喷施的0.1%尿素和0.1%的磷酸二氢钾溶液较为安全，还有兰菌王、植全、喜硕等稀释液也可以，唯浓度不能太大，以免伤叶伤芽。有条件的兰园可施有机肥，效果会更好，但必须薄肥勤施，否则黑根焦叶，影响新芽的萌发和生长，甚至烧坏新芽。

● ｜ 采用颗粒植料要适当深栽

● ｜ 壮草发双垄

（4）浇水不大意。浇水当否对兰芽的萌发和生长影响也很大。兰花萌芽时节，水浇多了，不仅病菌易繁殖，而且植料太湿会导致烂芽；太干了，兰花生长要受到影响，兰芽也会干枯萎缩。关键是做到"润"，既保证提供兰芽萌发所需要的水分，又不致大水伤芽。如何把握好这个度？只能靠在实践中慢慢领悟掌握。

 老兰家说　　"控水促芽"不可取

有人提出"控水促芽"的说法。这个观点在理论上是错误的，实践上也是有害的，此法不可取。

首先，兰花发芽属营养生长，需要足够的水分和养料。萌芽季节如果控制水分会造成营养输送受阻，不仅发芽时间会推迟，而且会抑制新芽的萌发，造成生长点萎缩，致使发芽数量减少；已经萌发的芽生长也会停滞，甚至形成僵芽。

其次，萌芽季节控制水分会使兰株从营养生长转入生殖生长，在发芽季节生出花蕾，严重影响新芽的萌发。有人在春夏之交"控水促芽"，促出了许多花蕾。

再次，兰花萌芽季节需要较高的空气湿度和土壤湿度，已被人们长期的艺兰实践所证明。如在春季淋透雨、浇透水会诱导生长点萌动，促使兰芽萌发；在梅雨季节由于空气湿度和土壤湿度较高，兰芽萌发如"雨后春笋"。

● │蝴蝶龙发了5个芽

（5）阳光要充足。古人说"阴养多发芽"，说的是养兰要遮阴，兰花发芽才多；"阳养花苞多"，说的是兰花多见阳光就有可能开花。但这都是相对的，如片面认为"阴养芽多"而一味强调阴养，则大谬也。万物生长靠太阳，光照充足是兰花发芽的首要条件，如果光照不足，不仅兰叶疲软，而且兰花发芽迟，新芽瘦小。但光照强度也要适度，在气温较高时，必须用遮光率50%遮阳网遮光，这样既能有适当的光照，又避免了强光的照射。当温度低于25℃或阴天无太阳光照射时，要拉掉遮阳网，让兰花沐浴在自然环境的新鲜空气中。

（6）要防病治虫。在兰芽的萌发和成长过程中，病虫的危害是最令兰友们头痛的事。最可怕的是茎腐病，整盆花几天就死掉了；还有软腐病，兰芽刚长出不久就烂掉了，即使再发芽还是要烂，真是损失惨重。还有的兰芽尚未出土就被蜗牛、蛞蝓啃得伤痕累累，甚至夭折。为确保兰花健康生长，须及时防治病虫害。

总之，让兰花多发芽是一门技术，更是一门科学，只有懂得了兰花发芽的规律，并在尊重规律的基础上，加强管理，才能达到多发芽、发壮芽的目的。

◇催蕾护花篇◇

人们种兰花，主要目的是为了赏花，但如果种养不当或管理不善，兰花可能不开花。只有遵循兰花的生长发育规律，在管理上下工夫，兰花才会开花，而且开出好的花品。

一、花蕾促发技艺

要使兰花年年见花，我们必须先弄明白一个道理，即兰花的营养生长和生殖生长的相互关系。兰花的生殖生长和营养生长是一对矛盾的两个方面：首先，它们相互依存，即生殖生长依赖于营养生长，营养生长弱，营养积累少，难开花；营养生长旺盛，营养积累多，生殖生长有基础，容易开花。其次，它们相互制约，如果兰株开花，则影响发芽，造成晚发芽或少发芽；如果兰株发芽多，则影响开花，甚至不开花。同时，它们又是可以相互转化的，抑制营养生长可促进生殖生长，如适度控水可促发花蕾；抑制生殖生长可促进营养生长，如摘掉花蕾可促使早生、多生叶芽。根据这一规律，我们要使兰花年年开花，可以从以下几方面入手，做好相关的管理工作：

1.培育壮苗

"苗弱花不发，苗壮花自开。"这个说法是很有道理的。花蕾一般是从成熟而且健壮的兰株上产生出来的，因此兰草健壮、根繁叶茂，是兰花产生花蕾的基本条件。为了使兰草产生花蕾，我们必须提高养兰技艺，在管理上下工夫，使兰草生长壮实。一般来说，春兰每株草4片叶、蕙兰七八片叶，且假鳞茎充实的

● 具备开花条件的健壮兰草

连体大草，都基本具备开花的条件。

2.兰丛宜大

"兰丛小，不见花；发苗多，难见花。"这是养兰过程中一个比较常见的现象。分株不能过勤、每丛兰株数不能过少是产生花蕾的必要条件。如果分株过勤，势必形成新的生长点而诱导多发兰苗，多发苗则需消耗大量的养分，从而影响生殖生长，导致少生或不生花蕾。一般来说，春兰至少3苗、蕙兰5苗以上多苗连体，才容易起蕾见花。

3.适当多晒

"阴养则叶佳，阳多则花佳。"这是前人养兰经验的总结。阳光充足是兰花产生花蕾的重要条件。兰花虽是喜半阴植物，但阳光是兰花进行光合作用制造养分的源泉。光照充分，兰株体内积累的养分就多，孕育花蕾的可能性就大。除夏季和初秋高温酷暑需适当遮阴外，其他季节应尽量让兰花接受充分的光照。如果光照不足，即使兰草繁茂，亦很少产生花蕾。

4.少施氮肥

"氮肥长草，磷钾肥促花。"这是兰花生长发育的一个普遍规律。在兰草营养生长期间，应多施氮肥，氮肥能促使兰草快速生长，但兰草长大后要少施氮肥，如果再施过多的氮肥会使兰草营养生长过于旺盛，成熟的兰草会产生第二代叶芽，从而影响花蕾的孕育。7月中旬以后的夏末初秋，兰草进入孕蕾期，应适量增施磷钾肥，以利花蕾的产生。通常的做法，一是浇施含有磷钾肥的肥水，以菜籽饼、鱼鳞水、骨头、蟹壳等沤制的浸出液为好；二是叶面喷施浓度为0.1%磷酸二氢钾溶液，亦能有效促使花芽形成。

5.加大温差

昼夜温差大，营养积累多。为此，加大温差，白天温度高一点，光合作用强一点、制造、积累有机物多一点；晚上温度低一点，呼吸作用稍减弱一点，分解、消耗有机物少一点，这样兰株体内有机物的积累较多，就能满足兰花生蕾的条件。庭院养兰，温差自然调节，无需多虑。封闭的阳台、温室等室内养兰，夜间温度比露地要高，因此需要适当调控，可以在夜间全开窗户，提高通风换气的力度，同时采用傍晚向盆内浇水、地面淋水、墙壁喷水的办法，降低盆温和环境温度，以加大昼夜温差，促进花芽分化。

6.控制水分

"湿长草，旱生花。"兰花在营养生长阶段需水量较大，水分充足则兰花的营养生长会非常旺盛，兰草生长迅速。如果短时间减少兰株的水分供给，兰花的营养生长受到适当抑制，就可促进兰草由营养生长转入生殖生长，而产生花蕾。一般情况下，我们可在7月中下旬和8月上中旬，将浇水的间隔时间适当延长一些，就能刺激兰花的生殖生长，有望促进花芽分化。浇水尽量在早上进行，有利于夜晚"空盆"，以促花芽分化。只要兰株健壮，适当控制水分，使盆土略干些，促进兰草生蕾开花是很容易的。

 老兰家说　　**如何识别秋天刚出土的花芽和叶芽**

　　秋天刚出土的叶芽（秋芽）和花芽最容易混淆，在摘除花蕾时也往往误将秋芽摘除。秋芽和花芽可从下面几个方面来区分：

　　（1）从外形看：花芽刚出土时圆柱形；叶芽（秋芽）刚出土时大多呈长扁形，少数呈圆锥形。

　　（2）从部位看：花芽大多长在前年的成熟苗的假鳞茎上；叶芽（秋芽）大多长在新苗的假鳞茎上。

　　（3）从质地看：用手捏时花芽感觉上较松软；叶芽则有结实感。

　　（4）从色泽看：花芽颜色暗淡，并有色晕或筋纹；叶芽色泽比较鲜明，无筋纹。

二、花期调控技艺

　　兰花的花期不一，春兰、春剑、莲瓣兰、墨兰的花期几乎都集中在每年的二三月份，因此，中国大型综合性兰博会的举办时间也都集中在每年的二三月份，而蕙兰花期在4月上中旬，赶不上参加一年一度的全国性的兰花盛会。

　　蕙兰要想在全国的综合性兰花博览会上一展风采，唯一的办法就是催花，让它提前开放。

　　2007年春，中国第十七届兰花博览会在武汉举行，中国兰花协会王重农副会长亲临我苑，希望笔者能送一部分蕙兰参展，笔者很愉快地接受了这一任务。当时有几位兰友劝笔者不要催花，说："蕙兰催花要催死的。"当时兰价较高，一盆草几万元，万一"催死"了确实损失巨大。但我想只要顺乎兰性，精心操作，成功的希望应该是很大的，况且江南兰苑每年都有蕙兰催花参加兰博会的先例。于是，笔者开始了对蕙兰催花技术的探索，几次向江南兰苑的师傅请教催花的具体时间、温度等主要数据。当年共催8盆蕙兰，结果全部成功，并在兰博会上一举获得1个金奖（老极品）、3个银奖（大叠彩、元字、大一品）、1个铜奖（新极品）。这8盆花从兰博会回来后，安然无恙，当年的生长、发芽并未受到影响。经几年实践，笔者觉得蕙兰催花要注意下列几个问题：

1.尊重规律，适当春化

野生蕙兰生长在海拔较高的山林里，那里气温较低，蕙兰休眠期长达4个月左右，蕙兰的这种生态特性决定了开花前它必须要有一个低温春化的过程。只有经过一定时间的低温春化后，花蕾才能正常发育。要让蕙兰提前开花，实际上就是缩短它的春化期，因此催花时，首先要考虑的就是留足时间，最大限度地满足蕙兰春化的需要。开始催花的日期应视兰博会开幕的日期而定，催多长时间应视催花的温度而定：温度高，催花的时间要短一些；温度低，催花的时间要多几天。经过近几年的实践，笔者认为蕙兰的催花时间以25～30天为宜，这样不仅可以最大限度地满足蕙兰的春化时间，而且花品也不会受到太大的影响。

2.温度宜低，升温宜缓

要让蕙兰提前开花，究竟以多高温度为宜？这是催花技术的关键所在。蕙兰的正常开花时间是4月上中旬，白天最高气温在20～25℃，因此催花的温度也要顺应其生态习性，将白天最高气温控制在25℃左右。几年的催花实践得出的结论是：低温催花，白天最高温度达25℃时，催花时间约为25天；高温催花，白天最高温度达25℃以上时，催花时间为20～25天。高温催花对兰草影响较大，所谓"蕙兰催花要催死的"说法实质上就是指高温伤苗。笔者主张以确保兰苗的安全为前提，采取低温催花，且刚开始催花时温度要逐步地、缓慢地提升，不要骤然升高，要让兰花有一个适应的过程。一般以自然环境温度为起点，每天提高5℃左右。当小温室的温

● ｜ 温度骤然升高，花葶软弱倒伏

度上升至25℃左右时就不能再提高了，然后再视花葶升高情况适时调节小温室的温度。如果花葶生长缓慢，可适当调高温度，但也不要超过25℃。如果骤然将气温从低温升高到25℃以上，会造成花葶抽箭速度太快，突然"蹿"高而软弱倒伏，花品也不好，甚至还会出现僵蕾现象，导致催花失败。催花要有耐心，蕙兰在20～25℃的环境中生长25天左右，一般都能应时开花。

3.空间要大，空气要新

蕙兰在催花期间由于温度较高，达25℃左右，已从休眠状态中被唤醒，光合作用和呼吸作用旺盛。白天兰花进行光合作用，需要不断地吸收空气中的二氧化碳，同时排出氧气；晚上兰花进行呼吸作用，则需吸收氧气，排出二氧化碳。因此催花的小温室相对要大一些，要有一定的空间，方能满足蕙兰光合作用和呼吸作用的需求。如果温室空间太小，温室内空气的容量也就小，温室内空气容易混浊，满足不了蕙兰光合作用和呼吸作用的需要，势必威胁兰花的生命安全；同时空间过小，温度不容易稳定，容易骤然升高，不仅可能导致花葶疯长倒伏，而且也会对兰花的安全构成威胁。有一位兰友将兰花放在塑料袋内催花，结果花蕾烂了不说，连兰草也一命归天。还有一位兰友在淋浴房内催花，由于淋浴房空间小、温度高，加上见不到阳光，因而催出来的花葶东倒西歪，无法直立。笔者第一年催花时，特地制作了一个长3米、宽1.8米、高2.5米的大浴帐，体积达13.5米^3，内放8盆花。第二年催花改成了长4米、宽3米、高3米，南面有大排窗的房间，体积达36米^3，效果都十分理想。

在蕙兰催花期间也要注意通风换气，让小温室内空气常换常新，以满足蕙兰光合作用和呼吸作用的需要。但换气次数不要太多，一般以每天一次为宜。换气次数如果太多，会影响小温室内的温度稳定。换气时间以小温室内外温差最小时为佳，一般以清晨和傍晚最好。

4.保证湿度，控制水分

蕙兰在催花期间要有一定的空气湿度。有了一定的空气湿度，蕙兰的花葶才能拔高，开品才能到位。从总体上看，蕙兰开花期间的空气湿度以

● | 瘫开（翠萼）

● | 球开

● 催花获金奖的程梅

● 暗室催花，花容失色（崔梅）

50%～60%为宜。如果空气湿度太低，空气过于干燥，花葶不能拔高，会造成瘫放（花朵萎软无力或含苞不舒）或球开（各朵花密集聚拢在一起）；如果空气湿度太高，会出现烂蕾或烂花现象。保证小温室空气湿度的最好办法是在温室内多放置几个水盆，在加温的状态下，水分自然蒸发，小温室内空气湿度自然增大，蕙兰的花葶自然会拔高，开花后花瓣滋润，花品到位。

蕙兰在催花期间兰盆内培养土水分的控制也很有讲究。如果植料过湿，空气湿度又较高，搞不好要烂根、烂蕾；如果植料过干，水分供应不足，也会影响花葶的生长，同样会造成瘫放或球开。一般情况下，在催花早期和中期，植料宜稍潮湿一点，以满足花葶拔高对水分的需求；而在花葶小排铃后要控制水分，盆土以润为好，尤其是花朵绽放后不能浇水，只要维持一定的空气湿度就行。如果植料过分潮湿，外三瓣会出现拉长现象，影响花的开品。

5.保持温差，适当见光

通常情况下外界的温度在白天和黑夜会发生变化而产生温差，小温室也会随着外界的温度变化而产生相应的温差。我们不要轻易地改变这个温差，更不要在晚间加大加热力度，试图将小温室搞成恒温温室。

蕙兰在自然环境下正常开花期间，会受到春天柔和阳光的照射，小温室中的兰花也不能没有阳光。前面已经提到蕙兰在催花期间由于温度较高，达25℃左右，实质上已将其从休眠状态中唤醒，因而此时的蕙兰必须置于阳光下或至少在散射光下；如果密不见光会对兰花的生命构成一定的威胁。兰花开花期间见不到散射光，花色会发生变化，原本碧绿的花色会失绿泛黄，影响花品。当然，兰花在小排铃前可以接受直射光，排铃后光照以散射光为好，尤其是兰花完全绽放后不能受直射光的照射，否则花瓣边缘会被晒焦。

6.仔细观察，控制花期

蕙兰在自然环境下，其开花时间也不可能在同一天，温室催花同样如此。兰花的花品一般在绽开后2～5天内最佳，花色最鲜嫩，花形最漂亮，1周后通常花色、花形逐渐变差，观赏价值不如初开。为此，最好让它在兰博会开幕前1～2天绽放。其实，蕙兰在小温室催花，花期容易控制，只要在大排铃后注意仔细观察，及时根据花蕾绽放情况作出调整就可以得到解决。

通常情况下，温度在25℃左右时，从小排铃到大排铃需2～3天，从大排铃到花朵转茎完全绽放时间需3天左右（多瓣奇花的时间要长一些），从第一朵花转茎开放到全部开足需2天左右时间。据此，我们完全可以让它在兰博会开幕前1天完全绽放。如果兰花即将绽放，而离兰博会开幕还有好几天时间，应把它端出小温室，放在阴凉处，让它迟一点开；如果花朵还没什么动静，应提高小温室的温度，催它早日绽放。笔者2011年参加兰博会的一盆朵云排铃较早，在大排铃时把它放到了屋后最阴凉处，结果花遂人愿，在兰博会开幕前夕如期完全绽放，一举夺得特金奖。

7.精选器具，确保安全

在小温室内用什么加热装置给兰花加温也至关重要。加热的设备有空调器、红外线取暖器、红外线灯泡、暖风机和油汀等。用红外线取暖器、红外线灯泡、暖风机等加温，一定要将加热设备放在兰盆的下方，这样热空气上升，不仅兰盆易受热，而且受热也均匀。特别要注意的是红外线取暖器、红外线灯泡千万不要对着兰花直接照射，暖风机不要

● │催花得金奖的老极品

● │催花得特金奖的朵云

对着兰花直接吹，否则会把兰株吹枯，花蕾烤焦，这绝不是危言耸听。最理想的加热装置是油汀，它具有散热均匀、不影响小温室的空气湿度、温度可以调节等优点。但油汀的价格比其他加热装置要高一点，但从兰花安全角度出发还是选用油汀为好。

老兰家说　　在空调间催花要放置水盆

　　时下大多数家庭都有空调器，因而有的兰友就将兰花放空调房内催花。但空调器在加温的同时，也会减少空气中的水分，使房内空气湿度降得很低，稍有不慎就会造成兰花失水萎蔫，影响开品。因此，如在室内用空调器催花，须放置水盆，以保持房间内一定的空气湿度。

　　蕙兰催花其实并不神秘，那些把花葶催烂了的，其原因肯定是植料太潮或湿度太大；那些把兰花催焦了的，肯定是将加热装置对着兰花照；那些把花葶催僵了的，肯定是植料水分不足；那些把花催萎蔫了的，肯定是空气湿度太低；至于把兰草催死了的，大多是温度太高、密不通风、久不见光或加热不当所致。只要我们勤于思考、顺应兰性，蕙兰一定会按我们的意愿应时开花，在兰博会一展风采！

三、开品优化技艺

● │ 开品到位的海晨梅（吴立方摄）

兰花的开品是指兰花绽放后的"相貌"。"开品好"就是说花葶、花瓣的形状及颜色都能达到最佳状态，使人们获得良好的观赏效果；反之，"开品差"就是花朵的观赏效果差。影响兰花开品好坏的因素很多，如兰草的壮弱及植料、肥料、光照、水分等都有影响。那么，如何才能让兰花开品到位呢？主要是要在管理上下工夫。

1.兰株根好苗壮

兰花植株强弱对兰花开品的影响很大。一般而言，兰花植株根好苗壮，多株连体的兰草开花，花朵能得到充足的养分供给，因此花蕾饱满，花葶修长，三瓣阔大，开品到位，品种特色得到充分地体现。但有些阴养疯长草看似强壮，实则虚弱，花品反而不好，因而有人产生误解，认为大草开花不如中草开花花品好。其实，他们把疯长草和健壮草混为一谈。

2.植料养分齐全

兰花开花需要消耗大量的养分，养分主要来自植料，因而植料养分齐全是兰花开品完美的前提条件。前人大多喜欢用山土养兰，由于山土系山林叶片腐熟而成，因而营养齐全而丰富，兰花的花品十分到位，花瓣阔大，花葶高挺，花色娇嫩，幽香四溢，兰花的花品、神韵均能得到充分展示。现在山土采集不易，人们大都用颗粒植料，其不足之处是养分不全，影响兰花的开品，只有克服这一弊端才能种好兰花。最好的办法是用多种富含养分的植料如仙土、腐叶、树皮、草炭等混合，平时多施有机肥和全元素的无机肥如植全、喜硕、兰菌王等，这样优势互补，才能开出良好的开品。

● 用山土种植的彩云同乐梅开品

3.光照强度适当

一般而言，光照充分，兰株体内积累的养分多，花蕾发育就充分；光照不足，植株虽生长茂盛，但由于制造的养分少，兰花很少开花，即使开花，开品也不好。因此，在孕蕾和花蕾发育期要适当增加光照，促使花蕾饱满健壮，这是让兰花开品到位的必要条件。

光照强度还是决定花色的重要因素，花色在开品中占有重要地位。一般情况下，色花的花蕾接受充分光照能使花色加深且更加艳丽；绿色花在排铃后仅见散射光能使花色更加嫩绿；绿色花在完全没有光照的环境下开花，会使花色泛黄，神韵尽失；白色带绿筋的莲瓣兰花蕾在完全遮光条件下能开出洁白娇嫩的花色，当年轰动兰界的莲瓣兰"苍山瑞雪"就是小雪素

● 花期仅见散射光，关顶花色更加嫩绿

遮光处理而成的。

4.昼夜温差要大

兰株日夜不停地进行呼吸作用，消耗养分。白天气温越高，兰株制造的养分就越多；晚上气温越低，兰株消耗的养分就越少。只有光合作用制造的养分大于呼吸作用消耗的养分，兰花体内营养物质积累得多，兰花的品位才能到位，因此，昼夜温差加大是确保兰花开品到位的必要条件。我们要努力创造条件，采取向地面及墙壁喷水、开窗通风等办法降温，力争使昼夜温差保持在10℃以上，才能促使兰花有更好的开品。

5.春化时间充裕

兰花的花蕾只有经过一段时间的低温春化，来年才能开出好的花品，这是兰花的生态习性之一。野生兰花在山林中冬季温度一般为0～15℃，时间长达3个月左右，期间虽然兰苗处于休眠期，但花蕾却不断生长充实，这就是兰花开花不可逾越的春化阶段。冬至到大寒这段时间，如果气温偏高，就会导致一些品种的花蕾提前开放，俗称"借春开"。"借春开"的花由于春化不充分，一般开不好，花莛短，瓣形差，有的还会出现僵蕾现象。只有经过充分的春化，花蕾发育才完全、充实，花的开品才能到位，才有神采。

● ┃"借春开"的花品（水仙大富贵）

6.花蕾适当疏除

为了减少兰草的营养消耗，不影响来年兰花生长，同时也为了集中营养让花朵开品到位，应适当疏蕾，去弱留强。一般情况下，每盆不足5苗草的兰花有1个花蕾就可以了，5苗以上的兰花最多只留两个花蕾，这样才能更加集中地将养分供给花蕾，使花朵大而神韵好。一般来说，疏蕾时间在10月中下旬以后，早摘则植株再发花蕾，但也不要太晚，晚摘则徒耗养分。摘花蕾的原则有"四不留"：一是当年新草所起花蕾一律不留，否则影响兰株当年发芽。二是后垄老草所起花蕾一律不留，因后垄草花开无神。三是一个假鳞茎起多蕾只留1个，其余不留；花蕾多，养分不集中，则花开无力。四是歪斜和弱小的花蕾一律不留。

7.水分适时控制

花期水分对兰花的开品影响很大。花开时节浇水不当，会严重影响兰花的开品，因此兰花开花期间水分要适当控制。一般来说，对正格瓣形花，在花葶伸长拔高、花朵绽放前宜浇足水，尽量保持兰盆内植料湿润，不要太干，有利于花葶拔高，为开出亭亭玉立的兰花奠定基础。这期间如果水分不足，不仅影响花葶拔高，而且会导致僵蕾，蕙兰还会发生瘪放和球开现象。但兰花在花朵破苞衣开花后则不宜多浇水，要使盆土润中略干，让兰花"干开"，这样花瓣才短阔，花守才好，兰花开品才端庄。若开花期水分过于充足，则外三瓣在瓣头放大的同时，瓣脚也会伸长，尤其是荷瓣花还会出现大落肩、捧瓣开天窗等现象。但奇花和飘门的瓣形花则相反，开花期间要多浇些水，花开得才会到位，花姿才能飘逸，品种特色才能充分展示。

● 水分不足花葶矮（九章梅）

8.空气湿度稍高

兰花在春化期间空气湿度不宜过低。兰花在大自然中低温春化期间，花蕾是在落叶覆盖下度过的，湿度比外界要高一点，因此，春化阶段的空气湿度和植料湿度都不宜过低。当然，空气湿度和植料湿度也不能过大，否则容易烂蕾和烂根，不利于兰花花蕾的生长发育。

兰花在花蕾生长、花葶拔高时节，需要保持较高的空气湿度（50%以上），这样才有利于花葶的拔高。

兰花在花朵破苞衣开花时，要求盆内植料水分润中带干，而空气湿度较高，这样才能保持花瓣舒展、花色娇嫩，不萎蔫。

提高空气湿度，可采取地面喷水、水槽贮水等多种措施。

● 水分充足花葶较高（九章梅）

● 神气十足的兰花（绿云）

9.治虫不可大意

兰花开花期间虫害并不多，但往往被忽视，这段时间危害兰花的软体动物及虫害主要有3个：蜗牛、蓟马和蚜虫。

（1）蜗牛。危害兰花的主要是小蜗牛，它体积小，不易发现。喜欢在潮湿的盆面滋生，白天躲藏在植料内，夜

晚外出活动，啃食花蕾而留下小洞，花朵开放后外三瓣伤痕累累，影响兰花的观赏价值。灭蜗牛用人工方法捕捉难以除尽。可用密达（四聚乙醛），撒施于盆面，蜗牛食之或触之即死。

（2）蓟马。虫体很小，开花期间（尤其是建兰）在花蕾内以锉吸式口器取食兰花汁液，危害花瓣。开花初期用药防治，用50%吡虫啉可湿性粉剂1500倍液喷洒，即可根除。

（3）蚜虫。蚜虫主要危害兰花的花朵，以刺吸式口器刺入兰花花瓣，吸取大量液汁养分，引起兰花枯萎，同时蚜虫的排泄物污染花瓣。少量蚜虫可用毛笔刷除，危害严重时需选用毒死蜱、杀灭菊酯（氰戊菊酯）等农药根除。

上述虫害，最好及早治疗，待兰花绽放后再治为时已晚，花朵已严重受损，更谈不上有好的开品了。

老兰家说　　怎样使兰花花朵都朝一个方向开放

要使几朵花朵朝一个方向开放，必须在花葶拔高时，用适当的力扭转花朵的朝向，并借助周边叶片固定；同时，利用植物的趋光特性。注意以下两点：一是兰房只能有一个方向透光；二是抽箭期间不要转动兰盆，固定朝一个方向摆放。

● │ 花朵朝一个方向开放（虎蕊蝶）

四、花期管理技艺

所谓花期管理，就是指兰花在开花期间保护花朵、延长花期以及剪去花葶等日常管理措施。

1.适当疏除花蕾

如果一盆花花蕾较多，或1个假鳞茎有几个花蕾，可适当疏除一些，不要留得太多，以保证充足的养分，使所开之花葶高、花大。疏除花蕾的原则是：去弱小花蕾留健壮花蕾、去后垄花蕾留前垄花蕾、去歪斜花蕾留挺直花蕾。

2.加强水分管理

抽箭期间植料不宜太干，否则水分供应不足影响花葶拔高。兰花破蕾后不宜再浇水，否则外三瓣会拉长甚至落肩，捧瓣张开，影响兰花开品。

3.提高空气湿度

兰花开花期间不能往花瓣上随意喷水，否则容易导致花过早凋萎。但必须有一定的空气湿度，花开得才有精神，花瓣娇嫩滋润，花期才较长。

4.加强光照管理

兰花破蕾前可多见柔和阳光，有利花色娇嫩鲜艳；兰花一经破蕾即移入通风阴凉处，不可接受阳光直接照射，否则花期会缩短，鲜嫩的花瓣会萎蔫，甚至枯焦。

● 花朵萎蔫枯焦（宋梅）

5.防止风吹雨打

兰花开放后忌风吹刮，一怕燥风吹蔫花瓣，二怕大风吹断花箭。兰花开放后也不宜淋雨和喷水，否则花朵容易凋谢。

6.及时防病治虫

一防蜗牛夜间爬上花葶啃食花朵，使花朵伤痕累累；二防蚜虫危害花瓣，污染花朵，使花萎蔫；三防蓟马钻进花蕾，啃食花蕾，使花蕾枯萎；四防老鼠咬断花箭，啃食花朵。具体防治方法参见本篇"三、开品优化技艺"。

7.及时剪除花葶

春兰花开逾1周，蕙兰花开足后3天即应剪去花葶，以免消耗养分，影响发新芽。

老兰家说　　**如何剪除花葶**

花葶要及时剪除，否则消耗养分，影响发芽。剪花葶也有学问。一不能从假鳞茎上剥除，以免损伤鳞茎；二不能剪得太短，以免花葶腐烂而殃及假鳞茎。花葶留得稍高一点，葶旁边还可能发新芽。

● ︱剪除花葶

8.花后补充养分

兰花开花消耗大量养分，花葶一旦剪除，立即适量浇水，2～3天后再施"坐月肥"，补充养分，促其尽快恢复生长。

9.及时翻盆分株

花刚开完不宜立即翻盆。如果盆苗较多要翻盆分株，需待花葶剪除1周、兰花已经缓苗并恢复元气后方可操作，否则影响兰花生长。

老兰家说　　怎样长途携带兰花参加兰展

参加兰展，往往需要长途携带兰花，如携带方法不当会使花朵受伤或枯萎，严重影响观赏价值。要注意如下几点：

（1）小心脱盆，不损伤兰花。

（2）用极薄而柔软的高档餐巾纸小心地包裹花朵，将花和叶隔开，以免途中颠簸使花与叶发生摩擦而损伤花朵。

（3）用水苔浸湿挤干水分包裹兰根，以免兰株失水，兰花枯萎。

（4）将整丛兰株理顺用报纸卷成筒状，护花护叶，以免和其他丛兰株碰撞摩擦而受伤。

（5）将包装好的纸筒放入有通气孔的硬纸箱中，不要挤压。

（6）运输过程中要轻拿轻放，千万不能倒置。

◇ 防病治虫篇 ◇

一、虫害防治

危害兰花的虫害种类很多，主要可分为叶面上害虫和植料内害虫两大类。叶面上害虫主要有介壳虫、蚜虫、红蜘蛛、蓟马、蝗虫等。植料内的软体动物及害虫主要有蜗牛、蛞蝓、蝼蛄、地老虎、蚂蚁等。

（一）常见害虫的防治

1.介壳虫

介壳虫是危害兰花最主要的虫害之一，危害兰花的介壳虫种类很多，有的形似糠片，有的呈白色圆点状。它们吸附在叶片上，以细长的口针插入兰叶的组织深处，吸食汁液，使兰叶失绿枯黄，造成兰花长势不佳，甚至全株死亡。介壳虫表面有蜡质，一般的触杀类农药并不能杀死它们。治介壳虫最好用内吸杀虫剂氧化乐果（氧乐果）或蚧死净800倍液喷洒，在药液中加适量洗衣粉效果更佳。从5月上旬起，每周1次，连续用药3次即可根除。有人提出用火柴梗剔除的方法，此法虽好但无法根除，因为有的介壳虫躲藏在叶脚内，根本无法剔除，只有用药才能彻底根治。预防方法：一是不购买带介壳虫的兰株；二是加强通风，预防介壳虫滋生。

● ｜介壳虫

● ｜杀介壳虫的特效药——氧化乐果（氧乐果）

● 蚜虫若虫

● 毒死蜱

2.蚜虫

蚜虫主要危害兰花的新叶、芽等幼嫩器官，以刺吸式口器刺入兰叶组织，吸取大量液汁养分，引起兰花营养不良。蚜虫的排泄物覆盖兰叶表面，导致霉菌滋生，诱发霉污病，影响光合作用，也会传染病毒。治蚜虫可用毒死蜱、杀灭菊酯（氰戊菊酯）等农药。

3.红蜘蛛

红蜘蛛又称螨虫。成虫及若虫不仅体积很小，肉眼一般看不到，而且均在叶背吸食汁液，很难发觉；繁殖快，严重时叶片失绿发黄，焦枯成火烧状。严重者不仅可造成叶片焦枯，而且会引起兰株死亡。防治从5月上旬起，每10天1次，连治3次即可控制。农药以三氯杀螨醇为佳，克螨特（炔螨特）也可以，喷药要注意喷及叶背。预防方法：一是每半月用药防治1次；二是要清除兰园内杂草；三是要对周围树木进行防治，否则风一吹，树上的红蜘蛛就飘到兰花上来了。

● 红蜘蛛

● 杀红蜘蛛的特效药（三氯杀螨醇等）

4.蜗牛

蜗牛是最主要的植料内软体动物。它体积小，不易发现，白天躲藏在植料内，夜晚外出活动，啃食兰花嫩叶、新芽及花蕾，咬伤心叶后还会导致烂心。蜗牛以5～6月、9～10月危害最为严重。杀灭蜗牛用人工捕捉的方法难以根除，一般的农药如乐果等效果亦很差。有一种治蜗牛的特效药叫密达（四聚乙醛），把它撒施于盆内，蜗牛食之碰之即死。

● 杀蜗牛的特效药——密达（四聚乙醛）

● 蜗牛

5.蛞蝓

蛞蝓白天躲藏于植料内，夜晚出来活动，啃食嫩叶、幼芽和花蕾，爬行后留下白色痕迹。治虫主要用捕捉的方法。即白天发现有蛞蝓活动留下的白色痕迹，夜晚捕捉，十拿九稳。由于该虫数量不多，一般不可能大面积危害，所以无须专门用药防治。如欲用药物防治，可以结合防治蜗牛一起用药，可达到事半功倍的效果。

●｜蛞蝓

6.蓟马

蓟马主要危害花朵，建兰花朵受害最为严重。在叶背产卵，孵化后若虫在嫩叶上吸食汁液，开花期危害花瓣。在开花初期即用药预防，用50％吡虫啉可湿性粉剂1500倍液喷洒。

●｜蓟马成虫

7.蝗虫

蝗虫种类较多。若虫主要啃食叶肉，成虫可把叶片咬成缺刻状，甚至把叶片吃光。蝗虫一般在7～8月的上午和傍晚大量取食，其他时间在杂草中躲藏。治蝗虫要掌握在若虫期喷药防治，用50%辛硫磷乳油1500倍液喷洒，效果较好。

●｜蝗虫

（二）治虫的几个误区

（1）预防不重视。一般人均要看到有害虫危害时才用药，须知有的害虫肉眼难以看到，如蓟马、红蜘蛛，有的待看到危害症状已经很严重了。因此，防治害虫的工作要常抓不懈，要适时用药预防。

（2）用药不对症。要对症下药，没有一种能包治各种害虫的良药。如氧化乐果（氧乐果），是养兰者一致认可的药物，它对治介壳虫有特效，但治红蜘蛛效果却不如三氯杀螨醇，治蚜虫不如吡虫啉，治蜗牛几乎无效，因此用药要对症。

（3）治疗不适时。只有适时治虫才不至于延误时机。如治介壳虫以4月下旬介壳虫成虫刚开始孵卵就用药效果较好，治红蜘蛛以5月份虫害刚开始发生就防治比较适时。一旦虫子到了大龄，不仅抗药性强，而且繁殖迅速，虫口密度剧增，此时才用药，虽能亡羊补牢，但终究晚矣。

● | 用针筒量药剂

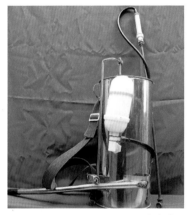

● | 喷雾器

（4）部位不恰当。害虫也有隐蔽性，好多害虫都聚居在兰花叶背危害，所以喷药一定要喷及叶背。如喷药只喷叶面，不喷叶背，显然是舍本求末，本末倒置。

（5）浓度不合理。喷药后药液常聚叶尖，故浓度高了伤害兰叶，出现焦尖；浓度低了治虫效果不理想。应严格按农药说明书配比，粉剂药可用天平称，水剂药用针筒量，确保既不过浓也不太淡。

（6）工具不适用。喷药一般用农用喷雾器，才能喷及叶背。养少量兰花的兰友，往往用喷蚊蝇的工具对兰株喷药，叶背很难喷得到，因此治虫效果较差。

（7）力度不到位。一般治虫，要连续治3次，方可根除。希望喷一次药即能消灭全部害虫的想法是幼稚的，不仅达不到效果，而且会增强害虫抗药性，害虫会卷土重来。

二、病害防治

兰花生长过程中，有时会出现一些病理变化，产生斑点、枯死、腐烂、坏死等现象，这就是病害。病害不仅影响兰花的生长，影响兰花的发芽力，而且能置兰花于死地，它常给兰花爱好者带来不可估量的损失。

兰花病害的种类很多，一般可分两大类，即侵染性病害和非侵染性病害，其中危害最大的是侵染性病害。

（一）侵染性病害的防治

侵染性病害是兰花受到真菌、细菌、病毒等有害生物的侵染所致。主要有茎腐病、软腐病、疫病、腐烂病、白绢病和病毒病。此外，还有危害兰花叶片的炭疽病、叶枯病和褐斑病等（参见本篇"三、根治叶片焦尖"）。

1.茎腐病（枯萎病）

（1）茎腐病的病因及症状：茎腐病是兰花最凶恶的病害，也是置兰花于死地的主要病害之一。茎腐病的病原为镰刀菌。病菌从兰花的假鳞茎开始侵入，从内向外扩散，并向上发展破坏兰叶的维管束，引起兰叶基部腐烂并脱水干枯，并迅速扩展至整盆兰株，造成脱水而亡，但兰根并不腐烂。

● | 茎腐病早期症状　　● | 茎腐病晚期症状　　● | 茎腐病植株假鳞茎剖切面

（2）茎腐病的诱发因素：茎腐病的病原菌主要通过栽培基质传播，盆土过湿容易发病。

（3）茎腐病的治疗：发现病株及时翻盆，清洗根部，用多菌灵、施保功（咪鲜胺锰盐）溶液反复浸泡，即用消毒液浸泡半小时后取出倒挂晾干，再泡半小时，再晾……如此反复3～4次，晾干后上盆。植料保持稍干一点，置于稍干的环境中养护，让其恢复。每隔1周淋灌1次施保功（咪鲜胺锰盐）或甲基立枯磷药液，连灌3～4次或可有救。

（4）茎腐病的预防：该病发病过程较长，蔓延速度不快，传染性也不太强，只要平时加强预防，经常选喷施保功（咪鲜胺锰盐）1000倍液、多菌灵800倍液、世高（苯醚甲环唑）3000倍液，即可防止该病的发生。

● | 施保功（咪鲜胺锰盐）

2.软腐病

（1）软腐病的病因及症状：该病是由软腐欧氏杆菌引起的细菌性病害，是对兰花生命威胁较大的病害之一。软腐病一般在5～8月从当年新发的幼苗（或前一年的秋芽）上开始发病。该病发病迅速，病程短，一般3～5天苗基部就能完全腐烂，待发现时苗已死亡腐烂，整苗即可拔起。苗基部腐烂有恶臭，而苗上部还绿。危害新芽和新苗是软腐病最主要的特征。

● | 软腐病早期症状

（2）软腐病的诱发因素：高温高湿、连续阴雨、偏施氮肥、盆土潮湿、透气性差等均容易引发此病。

（3）软腐病的治疗：兰花一旦得了软腐病，无药可治，只能动手术，将发病组织切除。清理发病组织要彻底，宁可多割掉几苗，也不要留下隐患，伤口涂上噻菌铜。将兰花全株反复放在噻菌铜药液中浸泡消毒，即浸泡半小时后取出晾干，再泡半小时取出晾干……如此反复3～4次后重新栽种。栽植时要露出假鳞茎，植后置通风处养护，少浇水，不施肥，不久就会萌发新芽，或许有救。如果病原菌清除不彻底，所发新芽第二年很可能再度夭折，依然很难逃脱死亡的命运。

（4）软腐病的预防：栽培植料不能太细，兰盆内要上下通透；不要当头浇水、淋水；叶面喷水后要及时通风，使其尽快干爽；从4月下旬起用噻菌铜500倍液或叶枯宁（叶枯唑）1000倍液喷洒。

● | 软腐病中晚期症状

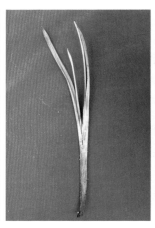

● | 软腐病晚期症状

● | 对细菌性病害特效的噻菌铜

3.疫病

（1）疫病的病因及症状：该病的病原为棕疫霉，疫病是能置兰花于死地的病害之一。该病也是以侵害幼苗为主，但也可侵害所有年龄阶段的植株。新苗受害初期为深褐色，严重时变黑腐烂，约1周枯死，整株亦可拔出。老苗受害时早期基部呈褐色，稍后变黑干枯。疫病的症状和软腐病的症状很相似，一般较难区分。

● │ 疫病症状

（2）疫病的诱发因素：病原菌在带病植料内越冬，可以通过各种方式传播，如手摸、浇水等，也可以从新芽萌发口、叶面伤口、叶面气孔等处侵入。一年四季均可发病，传染性特别强。

（3）疫病的治疗：发现病株及时隔离；如需挽救要彻底切除带病组织，要多切掉几株，彻底断绝病源。切口敷上甲基托布津（甲基硫菌灵）粉末，然后用甲基托布津（甲基硫菌灵）或甲霜灵锰锌反复浸泡消毒，即浸泡半小时后取出倒挂晾干，再浸泡再晾干……如此反复3～4次，然后重新种植。植后放阴凉通风处养护，或许有救。

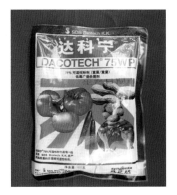

● │ 广谱杀菌剂达科宁（百菌清）

（4）疫病的预防：由于该病传染性极强，发现病苗要立即隔离。一旦发现该病，栽培场地所有的兰花均应连续选用代森锰锌、甲霜灵锰锌、百菌清等药物防护。凡用过的工具都要进行消毒，尽量不要用手触摸有病兰株，一旦触及要洗手消毒；进入别人有病兰株的兰棚后，回来也要更衣、洗手、消毒，以免把病菌带回自己的兰房。

4.白绢病

（1）白绢病的病因及症状：白绢病的病原为整齐小核菌，它也是能置兰花于死地的病害之一。该病可侵害兰花的根、茎、叶及幼芽，而主要危害幼芽。幼芽受害时病原菌从叶鞘侵入，然后使整个幼芽组织软腐或变成黄色浓液而死亡。根部受害造成根腐，受

● │ 白绢病症状

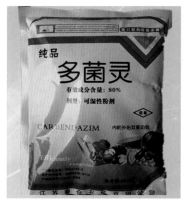

● 多菌灵

害状很像软腐病，但后期受害部位有许多白色绢丝状的东西（病菌的菌丝体），菌丝体上会产生许多似油菜籽大小的颗粒物（菌核）。严重时整盆全部倒伏枯死。

（2）白绢病的诱发因素：高温高湿、暴干暴湿、雨后暴晒易发此病。

（3）白绢病的治疗：无药可治，整盆销毁。

（4）白绢病的预防：栽培植料透气；合理调节植料湿度及空气湿度；加强管理，勿淋暴雨；合理浇水，以"润"为好；定期选用世高（苯醚甲环唑）、菌核净、多菌灵喷洒。

5.病毒病

（1）病毒病的病因及症状：病毒病是由病毒侵染而得病，外观表现为叶片上产生失绿斑。感染病毒的兰花并不死亡，能萌发新芽，但新芽同样带病毒，仍有失绿斑。病毒症和生理缺素症的症状相似，但缺素症斑块经过治疗可以消失，而病毒症状不可能消失。

（2）病毒病的诱发因素：此病一般由昆虫、剪刀等接触传染。

（3）病毒病的治疗：兰花一旦染上病毒病，

● 病毒病症状

目前无药可治，因而称之为"兰花癌症"，最好整盆销毁，以防扩展蔓延。

（4）病毒病的预防：预防的主要措施是不引进带病兰苗；及时治虫，消灭传播病毒的媒介；分株器具及时消毒，以免交叉感染。

（二）非侵染性病害的防治

非侵染性病害又称生理性病害。常见的非侵染性病害有肥害、冻害、日灼及生理缺素症。其中，肥害、冻害、日灼等危害可通过改善养兰环境，改进栽培技术来解决，这里不再赘述。而生理缺素症，只要采用腐叶土、草炭等养分全面的植料或施用有机肥等，一般不会产生。

● │ 被冻伤的兰叶　　　　● │ 被强光灼伤的兰叶

三、根治叶片焦尖

2006年，中国首届蕙兰博览会在南京玄武湖举办，笔者送展的大叠彩和程梅双双获得金奖，其中程梅获金奖后在中国兰花网引发了一场"这盆程梅该不该得金奖"的争论。一部分兰友认为，这盆程梅是原生种，兰草茁壮，开品好，该得金

奖；还有一部分兰友认为，这盆程梅开品虽好，兰草虽茁壮，但兰草叶片焦尖，不该得金奖。2005年春天，山东一位兰友远道而来，到我苑选购兰草，执意要一盆一点不焦尖的解佩梅。笔者过去一直认为，兰花（尤其是蕙兰）在自然环境下栽培，兰叶出现一些焦尖现象是不足为奇的，因而一直未予重视。这场争论和山东兰友要购买不焦尖的解佩梅一事对我触动很大，它告诉我：兰草长得虽然壮大，但是如果焦尖，仍然不能算是茁壮好草。

● │ 得金奖的程梅的叶片

（一）叶片焦尖的主要原因

引起叶片焦尖的原因很多，有的是自然因素引起的，有的是管理不当造成的，

也有的是病害所致。其中，病害引起的叶片焦尖危害最严重。

1.自然因素引起的叶片焦尖

（1）兰花出房时空气湿度骤然下降。传统种植，寒冷季节兰花在室内，其余时间在室外。由于出房前后环境空气湿度变化较大，兰花在室内时空气湿度高，移至室外时空气湿度骤然下降，容易引起叶片焦尖。而长年在室内养兰，空气湿度较大，叶片焦尖情况就不严重。

（2）水分供应不足。叶片焦尖与水分供应密切相关，尤其是蕙兰如水分供应不上，势必引起兰叶焦尖。叶片的水分供应一是靠根部输送，二是从空气中吸收。因此，兰花焦尖的原因，除植料过分干燥外，与空气湿度过低也有很大关系。如果空气湿度太低，过于干燥，兰株蒸腾作用加强，叶片水分供需失衡，必然导致叶片焦尖。

（3）气候骤变。以2007年为例，人们刚将兰花从空气湿度较高的兰房搬出室外，即遇到了数十年一遇的干旱，河流干涸见底，空气湿度极低，因而叶片焦尖情况较为严重。梅雨季节来得虽晚，但时间却很长，达50天左右，久不见阳光的兰叶既薄又软。刚过梅雨季节，随即遇上高温烈日，于是叶片焦尖情况愈加严重。笔者走访了几个室外兰园，蕙兰叶片焦尖的情况都比往年严重。

（4）空气污染。兰园临近污水区、工业区，或有人在兰园附近焚烧有害物质，致使空气中弥漫有害气体，危害兰叶而引起焦尖。

2.管理不当引起的叶片焦尖

（1）光照过强。夏季疏于遮阴或遮阴力度不够，致使光照太强，造成叶片焦尖。

（2）长期阴养。兰花在生长过程中遮阴过度，光照过弱，长期阴养，致使兰叶质薄柔弱。这种兰花如果骤然见强光，容易引起兰花焦头缩叶。

（3）水害伤苗。浇水太勤，引起烂根导致叶片焦尖。阳光下喷水，水聚叶尖，经强光照射而使叶片焦尖。浇水的水质受污染，或者兰花淋了酸雨也会引起叶片焦叶。

（4）肥害伤叶。根系施肥时肥料浓度太大，次数太频繁，致使兰根焦黑，继而造成叶片焦尖。叶面施肥时肥液积聚叶尖引起叶片焦尖。

（5）施药过浓。农药配制有一定的比例，如果浓度超过标准，喷施量又太多，使叶尖受药害造成焦尖。

（6）植料太干。懒于浇水致使盆中植料太干，不能满足兰株对水分的需求，因而叶片焦尖。

由于自然因素或管理不当引起的叶片焦尖，通常称生理性焦尖。这种焦尖发生的部位通常呈黑色，且病健交界处没有黑色横纹，不会迅速向前推进，病程较为缓慢，危害程度并不大。只要找出原因，对症管理，兰叶受危害的情况是可以得到控制的。

3.病害引起的叶片焦尖

（1）炭疽病

兰花炭疽病是由真菌引起的，是兰花叶片最常见的焦尖病，比较容易识别。其显著特点是，叶尖受害干枯后有若干呈波浪状的横向黑带，焦尖叶片剪去后如不施药，仍会继续向前推进。

炭疽病的病因及症状：该病是由刺盘孢和盘长孢两种真菌引起的病害，它主要危害兰花叶片。初期受害叶面产生浅褐色小点，周围组织浅黄色；中期病斑呈椭圆形或不规则形，中间呈灰褐色，边缘呈深褐色；后期病斑呈轮状排列的小黑点，有的出现横向波浪状黑色条纹。叶尖受害严重。幼苗亦可受害但不致死，叶片可继续生长。该病在春季主要危害老叶叶尖，夏季主要危害新苗。

炭疽病的诱发因素：高温高湿、植料潮湿、通风不良、偏施氮肥、梅雨季节光照不足等容易诱发该病。

炭疽病的治疗：及时剪除病斑叶尖，健康叶片上的剪口至少距病斑1厘米；初期发现病斑症状即用施保功（咪鲜胺锰盐）或吡唑醚菌酯大面积喷药治疗，每周1次，连喷3次。

炭疽病的预防：加强通风力度；控制水分供应；雨后及时喷药；适当增施一点磷钾肥；药剂保护，每半月选用施保功（咪鲜胺锰盐）、吡唑醚菌酯、多菌灵等药物喷洒整个兰株及兰场一次。

● ｜生理性焦尖症状

● ｜炭疽病的症状

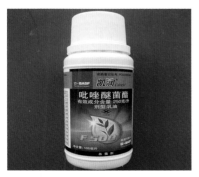
● ｜吡唑醚菌酯

（2）褐斑病

兰花褐斑病是由细菌侵染兰叶所致，是兰叶病害中最为凶恶的焦尖病，较易识别。其显著特点是，病斑呈褐色，在发病初期叶片有似开水烫过的水渍状的褪色斑。它传染性极强，迅速蔓延，危害极大。

褐斑病的病因及症状：病原为假单胞杆菌，主要危害叶片。受害初期，叶面及叶尖产生似开水烫过的水渍状褪色斑；后期，受害部位变黑褐色，且不断向前推进，严重时整段叶片失水干枯。

褐斑病的诱发因素：病原菌在病残组织及植料中越冬，在叶面长期湿润、持有水分（高湿）时容易发病，高温时发病较快，借风雨、喷水、触摸等方式传播。从叶片伤口及自然气孔侵入，传染性极强。

● 褐斑病症状

褐斑病的治疗：一旦发现兰叶感病应及时隔离，剪除病叶，予以烧毁，并立即选用噻菌铜、叶枯宁（叶枯唑）、可杀得（氢氧化铜）等药剂进行喷雾。每次间隔7～10天，连喷3次。

褐斑病的预防：兰盆摆放不要太密，避免叶片擦伤；夏季空气湿度大时，不宜喷雾增湿；不喷水，如确需喷水，喷后应立即通风吹干叶面；已经发病的严禁喷水、喷雾，以免蔓延。预防用药：噻菌铜、叶枯宁（叶枯唑）、可杀得（氢氧化铜）。

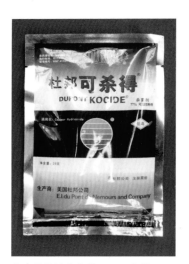

● 保护性杀菌剂——可杀得（氢氧化铜）

（3）叶枯病

兰花叶枯病是由真菌引起的，是较凶恶的焦尖病之一，较易识别。其显著特点是，后期叶尖变灰白色，整段枯死，病健交界处呈深褐色，且不断向前推进，甚至使整个叶片迅速干枯。危害极大。

叶枯病的病因及症状：病原为真菌，即半知菌亚门大茎点霉。该病主要危害叶片。叶尖受害初期，出现斑点，淡褐色；后发展为深褐色，叶尖枯死；也有表现为叶尖变为灰白而枯死，病健交界处有深褐色条斑；如叶片中部受害，病斑面积较大，呈圆形或椭圆形，病斑中部黑褐色，边缘呈黄绿色，严重时整片叶枯死。该病4～5月危害老叶，7～8月危害新叶。

叶枯病的诱发因素：病原菌在病残组织内越冬，借风、雨、雾、水传播，可多次反复感染。

叶枯病的治疗：一旦发现该病，立即用代森锰锌600倍液喷施，每周1次，连喷3次可治。但要适时，要抓关键时期用药，即发现叶面上有浅褐色小斑时就及时用药，效果较显著。

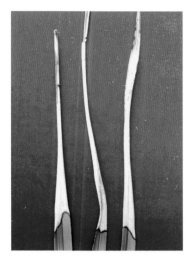

● 叶枯病的症状

叶枯病的预防：及时清理病叶并销毁，防止反复侵害；隔离病株，防止扩大传播范围；叶面喷施磷钾肥，可提高兰花的抗病能力；每隔10天选喷1次代森锰锌、施保功（咪鲜胺锰盐）、百菌清、世高（苯醚甲环唑）等药物进行防护。

由病害引起的叶片焦尖，危害情况一般都较为严重，病健交界处通常有黑色横纹，且这一黑色横纹不断向前推进。严重者整段叶片焦枯，即使剪除还会继续焦枯，再剪再焦，直至秃头。万万不可轻视。

● 病健交界处的黑色横纹

（二）焦尖病的辨识

虽然前面对各种焦尖病的症状做了介绍，但一般兰友对焦尖是由何种病因引起的，可能一时还难以分辨，其实只要留心观察还是可以辨识的。

（1）生理性焦尖（水伤、肥伤、药害等）受害处是全黑，病健交界处没有黑色条纹；病理性焦尖叶枯后不呈黑色，病健交界处都有黑色条纹病斑。

（2）细菌引起的病斑，初期有开水烫过的水渍状褐色斑块，而真菌引起的枯尖没有黄褐色的斑块。

（3）炭疽病危害过的枯尖上，有几条横向波浪状黑斑纹，其他病症都没有这种波浪状斑纹；叶枯病危害过的病叶呈灰白色。

（三）焦尖病的防治措施

从根本上消除由病害引起的叶片焦尖，难度确实比较大，但只要我们积极对待，认真管理，综合防治，还是能取得显著效果的。

（1）购草要慎重。温室苗由于长年在高温高湿的环境下生长，几乎是泡在药水里成长的，一旦移植到自然环境中种植，由于光照增强、空气湿度降低等原因，会迅速引起叶片焦尖。

● 剪除病叶

（2）病叶要剪除。叶片既已焦尖，必须坚决剪掉。剪除病叶要彻底，剪口要离病斑处1厘米以上。如老株发病严重，可毫不留情地整株剪去。笔者数年前购得几丛下山草，焦尖严重，当时新草并不染病，笔者当即剪去全部老株，并用施保功（咪鲜胺锰盐）喷洒，后来新株并未发病。病叶剪下后要烧毁或深埋，万万不可将剪下的病叶留在兰园中，修剪过程中掉在地上的病叶也要捡起，以防再次成为病源。

（3）用药要对症。叶片既已焦尖，一定要查明是什么原因引起的。如果是因管理不当引起的生理性焦尖，那就对症加强管理。如果是因病害引起的焦尖，那就首先要区分是细菌引起的还是真菌引起的。细菌引起的疾病用噻菌铜、叶枯宁（叶枯唑）、可杀得（氢氧化铜）防治；而真菌引起的疾病用施保功（咪鲜胺锰盐）、吡唑醚菌酯、百菌清、世高（苯醚甲环唑）等药剂防治。如一时难以区分是何种病害，则将杀细菌的药剂和杀真菌的药剂混合使用，亦可达到事半功倍的效果。

（4）治疗要及时。一旦发现病情就要及时用药治疗，千万不能有"叶片焦尖没有关系"的麻痹思想，否则会延误治疗，致使病情加重。

（5）预防要常抓。"防重于治"，预防工作要常抓不懈，要定期喷洒药液。预防用药要从早春开始，杀细菌、灭真菌的药要一起上，每隔7～10天1次。即使没有发现病情也要用药，防患于未然，要将病害消灭在萌芽状态。

（6）喷水要禁止。一旦叶片出现由病害引起的焦尖，就必须严禁喷水。因喷水会使叶面湿润而加速病原菌繁殖，同时喷水会使病原菌加速扩散，造成恶性传播。如叶面灰尘太多，影响兰花的光合作用和呼吸作用，可在喷水后叶面干爽时立即用可杀得（氢氧化铜）和其他杀菌剂一同喷洒，以防病原菌扩散传播。

（7）管理要加强。不仅兰叶的生理性焦尖与管理有关，病理性焦尖归根结底也与管理有很大的关系，因此要在管理上多下工夫，把管理工作做好，尽量杜绝因人为引起的叶片焦尖。

（8）农药要轮换。任何一种农药时间用长了都会产生抗药性，因此切不可长时间用一种农药防治病害。农药要经常轮换，一般每种农药连续使用3次即可调换，这样就可取得较好的防治效果。

四、病害综合防治

病害是当前兰草的最大威胁。笔者对兰花的一些病例仔细地进行了分析，对茎腐病、软腐病等兰花病害的病理及治疗也做了一点研究，逐渐形成了自己的看法：

首先，兰草和动物不同，动物得病，只要对症下药就可以治愈并完全恢复，而兰草一旦得病，却没有完全恢复的可能，总要留下斑点，所做的只能是防止扩散。

其次，既然兰花的病害是由各种病菌引起的，那么病菌的侵入一般要借助外因。俗话说"苍蝇不叮无缝的蛋"，病菌的侵入和繁衍也是有一定条件的，如果我们加强管理，不给病菌可乘之机，病害的发生还是可以防止的。

基于以上两点理由，笔者觉得对付兰花的病害还是采取"综合防治，防重于治"的方针，而最重要的"防"就是做好管理工作。

1.引进不带病菌的健康苗

兰花的各种病害既然是病菌所致，那么菌从何来？如果自己的兰园没有发病的兰株，那么就有一个杜绝菌源的问题。不购病苗，将病菌拒之于门外。兰花的病害是由病菌引起的，不把带有病菌的兰草、植料、盆具带回来，兰花是不会轻易发生病害的。许多教训表明，进苗时如果不慎把病苗购回，就会后患无穷。这里还必须指出的是：有的草刚买回时，从表面上看是健康的，后来却发病了，这是为什么呢？因为只有当病菌繁殖到一定数量时，兰草才会发病，刚买回来的兰草，看似健康并不等于不带病菌，因此不轻易地从发生过病害的兰园购买兰花，不失为杜绝菌源的办法之一。购进的兰花在栽种前应全株消毒，盆具、植料一概弃之不用，这样才能做到把病菌拒之门外。

2.植料消毒

既然兰花的病害是由病菌引起的，那么植料带病菌、植料不洁也就成了引发兰花各种病害的罪魁祸首。此外，植料过湿、植料过细、透气性差，势必使空气流通不畅，致使根系呼吸困难，从而导致病菌大量繁殖。因此，养兰的植料不但要透气性良好，而且要经过杀菌消毒，让兰花生长在无病菌的栽培植料里，这样就可以大大减少感染各种病害的机会。

曾经种植过带病兰株的植料，不可重复使用。健康兰株盆内的植料重复使用无妨，但必须严加消毒。首先在阳光下暴晒2小时以上（病菌不耐光和干燥，在阳光下暴晒2小时大都死亡），然后用多菌灵溶液浸泡数日。

3.自然种植

从兰花各种病害的发病时间来看，一般均发生在高温、高湿、闷热的夏季及夏秋之交，其他时期则很少发生。因此，完全可以这样说，高温、高湿是产生兰花病害的主要原因，也就是说在有病菌存在的情况下，25℃～30℃以上的气温、60%以上的相对湿度，是各种兰花病害暴发的环境条件。

从兰花病害发病的环境情况来看，凡在庭院自然环境下种植的兰花，只要管理精细，兰花病害很少，甚至不发生。但在阳台或屋顶设置兰室养兰的，因担心空气湿度低，大都使用弥雾机等设备，高温、高湿加上闷热，兰花病害的发生相对要严重一些。笔者的兰苑属自然环境，种植出来的兰草几乎没有产生过软腐病、茎腐病，但从外地引进的草却发生了4个病例，且无一救活。其中，有两例是返销草，从浙江兰商处购得的老极品和大一品（其中老极品得了软腐病，大一品得了茎腐病）；一例是从温度高、空气湿度高的大棚里引进的潘绿梅，回来没几天得了茎腐病暴死；一例是从云南温室大棚里引进的黄金海岸，购回栽种不到1星期就得了茎腐病暴死。可以这样说，高温、高湿和闷热的温室是产生兰花病害的"瘟室"。

在高温、高湿的兰室里防治兰花病害的当务之急，是采取降温措施。降温以通风或排风为上策，如用增湿的办法来降温，则无异于火上浇油。对高温、高湿的兰室不仅不能加湿，还要采取措施减少浇水，减少喷水次数，降低植料的含水量，从而降低空气湿度。弥雾机只能在空气湿度极低的情况下使用，如使用频繁，空气湿度过高，危害也极大。放在弥雾机旁的兰花极易得软腐病和茎腐病，这就是很好的佐证。

4.合理浇水

浇水不当不仅会引起兰根腐烂、兰叶焦尖，还会引发病害。

不清洁的水不要用，尽量使用自来水和清洁无污染的河水。不清洁的水可能带有大量的病菌，容易传染给兰花。

常见浇水不当有如下几种情况：夏季在烈日下温度较高时浇水，伤害兰根，为病菌入侵创造了条件；用浸盆法浇水，因水反复使用而传播了病菌；因天气高温干热，为降温而增湿，或为清除叶面灰尘而喷水、淋水，从而有利病菌繁殖；连绵阴雨或暴雨，造成叶芽和心叶积水而发病；浇水太勤过度，植料长时间潮湿；兰花得了病害（特别是叶面疾病），还经常喷水、淋水。以上种种情况，致使病菌大量繁衍，可能引起兰花病害暴发。

5.不施浓肥重肥

养兰要有一个平和的心态。施肥要科学，重肥、浓肥伤根，易给病菌侵入造成机会，导致发病。要根据兰花不同生长时期的需要，合理搭配肥料养分，春季可适当增施氮肥，但进入夏季以后，要少施氮肥、多施磷钾肥，以增强兰株的抗病能力。

高温期间尽量不作根系施肥，如要施肥，须采用叶面施肥的办法，以防高温时施肥伤根，为病菌侵入提供条件。施用的有机肥要充分发酵腐熟，使用时要杀虫杀菌。

6.加强通风透光

夏天遮阴是必不可少的，但是有的兰房用遮阳网遮得严严实实，既不通风，也不透光，造成兰草软弱，抗病能力差。殊不知，通风和适当的光照，是兰花健康生长的重要保证。

不通风及空气污浊，不仅使兰花呼吸不到新鲜的空气，还容易使兰草产生病害。通风可以降低兰房温度和空气湿度，从而抑制病菌繁衍，减少病害。

兰园如果光照充沛，则兰株叶片厚硬，直立性强，生气勃勃。如果过度遮阴，则叶片薄软，当然抗病能力也差。况且阳光能抑制病菌的繁衍，阳光中的紫外线还可杀死部分病菌。

特别值得一提的是，温室养兰一定要透光通风，植物生长灯虽可促进光合作用，却不能代替阳光；风扇虽可促进空气流通，却不能提供新鲜空气。

7.严防病菌交叉感染

在日常管理过程中，要避免病菌交叉感染：

（1）修剪分株用的剪刀，要剪一次消一次毒。

（2）兰盆之间摆放的间距要大，防止叶片相互摩擦产生伤口，而使病菌传染。

（3）要消灭红蜘蛛、介壳虫、蓟马、蚜虫及蜗牛、蛞蝓等，因为这些害虫或软体动物不仅本身是传播病菌的媒介，而且它们会造成伤口，有利于病菌的侵入。

一旦发现病株，要立即隔离，并将发病兰芽、兰株及相邻无病老株一并切除，彻底销毁，以防留下祸害而再次成为菌源。有的兰友对兰草感情较深，兰草得病死了还舍不得销毁，留下来"瞻仰遗容"，实在没有意义。

8.适时用药预防

目前兰花病害的防治还只能采取"预防为主、治疗为辅"的方针。防治工作要积极主动，千万不要等到兰花的病害已经发生才采取措施。兰花的各种病害发生的时间一般均在闷热、高温、高湿的5～8月，因此这4个月是防治兰花病害的关键时期，即使未发现病害也要每半月用农药防治1次。农药可选用施保功（咪鲜胺锰盐）、多菌灵、吡唑醚菌酯或可杀得（氢氧化铜）、噻菌铜等杀灭病菌。

值得注意的是，每一种药剂都有它的优点和局限性，一种药剂虽然对治疗某种病害有特效，但长期使用同一种农药会产生抗药性，而失去治疗效果。笔者过去一直使用甲基托布津（甲基硫菌灵）杀菌，效果非常好，后来甲基托布津（甲基硫菌灵）突然无效，于是改用瑞士产的世高（苯醚甲环唑），效果又比较好。另外，现在市场上假药不时出现，令人防不胜防，如果一旦购买了假药，还傻乎乎地一个劲地使用，岂不误事？基于上述两点，药剂定要经常轮换，轮换的方法是：一种药剂连续使用3～4次，每次间隔10天左右，就再换另一种药剂。但甲基托布津（甲基硫菌灵）不可和多菌灵轮换，这两种药剂要轮换，必须间隔一段时间。

防治方法要合理，药液要直接喷洒到兰株的各个部位，除了喷洒叶片正反两面外，还要浇灌兰株根部，甚至兰盆、兰场周边及地面也要喷洒，特别要注意喷洒兰场周边容易引起病害的花木，以免交叉感染。

9.及时、彻底治疗

兰花病害高发期间，要注意仔细观察，一旦发现病害症状要及时治疗。如发现软腐病、茎腐病要及时治疗，不仅要切掉有明显病状的兰株，还要切掉相邻的1～2株外表无异常的兰草，对留下的兰株要洗净、消毒，晾干后重新上盆栽种。要注意原来的盆和植料皆不可以再用，栽种时要在切口处多洒一点甲基托布津（甲基硫菌灵）粉末，以防病菌再度侵入。

◇鉴赏基础篇◇

一、赏兰标准

赏兰赏什么？中国传统的赏花标准是4个字：色、香、姿、韵。赏兰也不外乎这四个方面，也就是说，一是赏兰色，二是赏兰香，三是赏兰姿，四是赏兰韵。

（一）赏兰色

花的颜色是人们欣赏的最重要内容，因此赏花首先欣赏花的颜色。不同的人对花色有不同的看法，有人喜欢浓艳，有人喜欢淡雅。前者大多喜欢色彩艳丽、花开热烈的牡丹、芍药、茶花、月季、杜鹃等，而后者则喜欢花色素净、色彩调和的梅、兰、竹、菊等。中华民族历来多喜素淡，崇尚素雅，尤其是文人雅士那种高洁、清廉、淡泊的心态形成了对素净花色的特别钟爱。兰花清秀素雅，不以"色"迷人，故被中国的文人雅士所尊崇，被誉为"空谷佳人""花中君子"。

江浙一带赏兰历史悠久，形成了传统的鉴赏观念。传统的赏兰观一直推崇素心花，喜爱绿色，认为兰蕙以绿色为佳，尤以嫩绿为第一，老绿为第二，黄绿色次之、赤绿色更次。这种传统的赏兰观在相当长的时期内主导了整个兰界对兰花的鉴赏和评判。

20世纪80年代以来，赏兰热潮高涨，人们突破了文人雅士那种高洁、清廉、淡泊的心态，对五彩缤纷、色泽鲜艳的兰花同样喜爱和推崇，如大红、粉红、黄色、黑色、紫色、复色都得到认可，特别是黑色和复色，因其珍稀，还被奉为奇色、绝色。

● 素花（三龙素）

● 黄色花（金黄素，周安波摄）

● │红花（红娘）

● │白花（永怀素）

● │复色花（鸡尾酒）

老兰家说　　**什么是细花和行花**

凡具有梅瓣、荷瓣、水仙瓣的瓣形花，以及素心花、色花和奇花，都称为细花；除此之外，不入品的普通花，如外三瓣和捧瓣呈尖狭鸡爪形或竹叶形的兰花，都称为行花，俗称粗花或草花。

（二）赏兰香

赏花的第二个标准是花的香气。花香有"浓、清、远、久"4种。如荷花的香很清，但清而不浓；夜来香的香很浓，但浓而不清；桂花的香很远，但远而不久；玫瑰的香很久，但久而不远。在香花世界中，兰花的香味是"清、浓、远、久、幽、健"，历来最受人们的推崇。

（1）清。兰花的香味清雅醇正，清心宜人，入人心腑，令人感到身心愉快。朱德称赞说"唯有兰花香正好"。

（2）浓。兰花的香气浓郁芬芳，馥郁扑鼻，但浓而不浊。黄庭坚说"在室满室，在堂满堂"。

（3）远。兰花的香气随风送爽，清香远播。李白说 "兰幽香风远"。

（4）久。兰花的花期特长，香气源源不断，弥月不歇，沁人心脾。

（5）幽。兰花的香气如游丝飘空，似有若无，飘忽神秘。苏东坡说"时闻风露香，蓬艾深不见"。

（6）健。兰花的香气还能驱污避秽，清心健脑，滋润心灵，怡情养性。苏辙说"知有清芳能解秽"。

（三）赏兰姿

赏花的第三个标准是姿。姿是整体姿态，就是花姿和株姿。百花丛中花叶俱美者当首推兰花。

兰花在有花时节，花葶高出叶面，有亭亭玉立、楚楚动人之美；花叶顾盼掩映，有婀娜多姿、神采飞扬之美！花叶颜色相互协调有素色优雅、风姿绰约之美。

兰花纵使在无花时节也是美丽动人的，兰花的叶常年碧绿、青翠如玉、刚柔相济、端正秀丽、随风摇曳，有说不尽的潇洒飘逸、风姿神韵。

兰花的姿态美是天然的美，是自然的美，是稳定的美，是持久的美。兰花不像梅花那样枝丫杂乱，是一种疏密有致的美；兰花不似牡丹那样妖艳，是一种清雅纯净的美；兰花不像荷花那样花谢叶枯，是一种四季常青的美；兰花不像菊花那样需要人工绑扎，是一种自然天姿之美。

这些年，人们赏兰叶的观念有了新的内容，出现了叶艺，人们也以覆轮、缟草、图斑、水晶、鳞生体、叶蝶等艺草为美，平添了许多情趣。

● │ 风姿绰约的兰花（徐氏牡丹）

 老兰家说 **什么样的兰姿才称得上优美**

江浙一带传统的赏兰观认为，优美兰株的标准是：株型文秀，疏密有致，弯垂适度；叶质细糯，脉纹精细，手感软润；叶色青翠，碧绿如玉，叶面光亮。

● │ 叶艺（春兰中透）

（四）赏兰韵

赏花的第四个标准是神韵。色、香、姿是花的外表美，而神韵则是花的内在美、文化美。人们通过欣赏花的色、香、姿激发情感，而借物抒情，借物言志，进而产生联想和丰富的想象，赋予它某种崇高的象征意义，这就是神韵。

神韵是花的文化内涵，赏神韵是赏花的最高境界。如牡丹象征富贵、梅花象征清高、翠竹象征刚正、秋菊象征隐逸、石榴象征多子、荷花象征清白等。

在众多花卉中，兰花的韵是最神的，它的象征意义是高雅而又多方面的，可谓博大精深！作为人格象征，喻兰为无人自芳、无私奉献；作为道德借喻，喻兰为兰德斯馨、诚信自律；作为修养要求，喻兰为修道立德、自我约束……内涵十分丰富。

二、兰花鉴赏基本术语

中国人赏兰十分精细，形成了许多鉴赏兰花的专用术语。

（1）小排铃：兰花的幼蕾俗称铃。待花葶抽长到一定高度时，上面生着的幼蕾紧贴花葶，呈竖直状，这种形态称为小排铃。

（2）大排铃：兰花的幼蕾小花柄横向伸出，呈水平状排列，称为大排铃。此时花蕾即将渐次盛开。

（3）转茎：即将大排铃时，花葶上每朵花蕾的小花柄横向生长，花心朝外，称转茎，俗称转宫、转身。

（4）凤眼和灶门：花蕾在含苞待放前，主瓣和副瓣相互搭连，通常情况下，副瓣的瓣端和瓣基部分搭在主瓣之上，因主瓣与副瓣一侧瓣沿隆起，从而在主瓣与副瓣的中部形成一空隙，这一空隙处称为凤眼。在前期，凤眼较小，从凤眼处只可

小排铃（解佩梅）

大排铃（老极品）

● 转茎（老极品）

见到捧瓣侧面；在后期，凤眼逐渐增大，可见到唇瓣的根部。凤眼的形状与外三瓣的阔狭及收根情况密切相关。两副瓣根部交合之处形成一空隙，这个空隙处称为灶门。

（5）上搭和下搭：沈渊如在《兰花》一书中说："当露出凤眼时，花瓣背两侧盖顶处称为上搭，胸下处称为下搭。"意思是说，花瓣端部的交搭部分称为上搭，花瓣下部的交搭部分称为下搭。上搭的深浅与外三瓣的阔狭、落肩与否有关。上搭深，外三瓣必阔且不落肩；上搭浅，外三瓣必狭且可能落肩。下搭的深浅与外三瓣的收根状况有关。外三瓣根部较阔者下搭较深，外三瓣收根较狭者下搭浅，收根极细者几乎没有下搭。

● | 凤眼

● | 灶门（老极品）

● | 上搭和下搭（西子）

● | 中宫（永怀素）

（6）中宫：捧瓣、唇瓣与鼻的整体称中宫，又称中窠。梅瓣、水仙瓣的中宫以紧为好；荷瓣的中宫比较圆大。中宫必须与外三瓣相配得宜，方显得花容优美、俊俏。

（7）平肩、落肩、大落肩和飞肩：两片副瓣呈水平状，称为平肩（一字肩），姿态最美；两片副瓣微微下垂，称为落肩，这种姿态较次；花刚盛开，副瓣就大幅度下垂，与主瓣形成三角形，称为大落肩，这种姿态较差；如果副瓣微向上翘，称为飞肩，属贵品。

● | 平肩（贺神梅）

● | 落肩（翠筠）

● | 大落肩（红韵素）

● | 飞肩（上海梅）

（8）紧边：外三瓣的瓣沿微呈内卷状，从瓣中部起越向瓣端，其卷状愈明显，卷带渐宽，瓣沿增厚，形成兜状形，这种内卷现象，称为紧边。梅瓣紧边较厚实，水仙瓣紧边稍薄，荷瓣紧边最薄。

（9）兜：捧瓣端部瓣沿向内卷的形状，称为兜。按捧瓣的厚薄、大小又可分成软兜和硬兜；按捧瓣内卷的深度可分深兜和浅兜。

（10）收根放角：兰花外三瓣自瓣幅中部至瓣根逐渐收狭，称收根；自瓣幅中部向瓣尖逐渐放宽，称为放角。在荷瓣和荷形水仙瓣中收根放角现象最显著；而水仙瓣由于花瓣呈长圆形，收根放角就不十分明显；而梅瓣尤其标准梅瓣，由于瓣头是浑圆形，就只有收根而没有放角。

（11）蚕蛾捧：捧瓣似刚出蛹的蚕蛾，捧端白头、圆整光洁且起兜，称蚕蛾棒。质较软而白头薄的称软蚕蛾捧，如春兰宋梅；质较硬而白头厚的称半硬蚕蛾捧，如春兰桂圆梅。

（12）观音捧：捧瓣端部较圆，兜深而质软，形似神话中观音菩萨帽檐前端的兜，称观音捧。如春兰龙字。

● ｜ 紧边（贺神梅）

● ｜ 软兜（贺神梅）

● ｜ 硬兜（桂圆梅）

● ｜ 深兜（万字）

● ｜ 浅兜（天兴梅）

● ｜ 收根放角（大富贵）

● ｜ 半硬蚕蛾捧（桂圆梅）

● 软蚕蛾捧（宋梅）

● 观音捧（龙字）

（13）豆壳捧：捧瓣尖端圆阔而有兜，中间隆起而瓣边转平，白头不明显，瓣背部有条状突起，形似蚕豆壳一端形态，称豆壳捧。如蕙兰关顶。

（14）蚌壳捧：捧瓣内凹外隆，似河蚌壳紧扣蕊柱，质地光洁无白头，称蚌壳捧。如春兰环球荷鼎。

（15）剪刀捧：两片捧瓣形似剪刀张开的形状，称剪刀捧。行花大多为剪刀捧，除素心外一般不入品。如春兰文团素。但也有比剪刀捧略宽，头稍圆，背稍隆起，介于剪头捧和蚌壳捧之间的形态，《第一香笔记》称其为"荷形竹叶瓣蚌壳捧"，如蕙兰金舁素。

（16）猫耳捧：捧瓣基部合抱，瓣端稍圆或钝尖，并微向上翻，状似猫耳，称猫耳捧。如蕙兰蜂巧、朵云。

（17）短圆捧：捧瓣短而圆，背部弧形较大，内凹外隆，紧扣蕊柱，质润光洁无白头，称短圆捧。此花捧中宫最圆，如春兰大富贵。

（18）蒲扇捧：捧瓣宽而圆，有浅兜，背部弧形较小，形似蒲扇，称蒲扇捧。如春兰西神梅。

（19）挖耳捧：两片捧瓣长脚圆头，兜深，白锋不明显，中后部略收细，形似挖耳勺，故名挖耳捧。如春兰逸品。

（20）罄口捧：捧瓣质润无深兜，但瓣尖内凹微呈罄口状，故名罄口捧。如春兰翠盖荷

（21）蟹钳捧：捧瓣雄性化程度高，但白头不明显，背部有条状隆起，瓣宽但头尖且向内

● 豆壳捧（关顶）

● 蚌壳捧（环球荷鼎）

● 剪刀捧（郑孝荷）

● 荷形竹叶瓣蚌壳捧（金舁素）

● 猫耳捧（朵云）

● 短圆捧（大富贵）

● 蒲扇捧（西神梅）

● 挖耳捧（逸品）

● | 督口捧（翠盖荷）

● | 蟹钳捧（金鼎梅）

● | 全合捧（翠桃）

● | 五瓣分窠（桂圆梅）

● | 分头合背

● | 连肩合背（翠萼）

弯，像螃蟹的钳子从两边往中间合拢，故名蟹钳捧。如蕙兰金鼎梅。

（22）全合捧：两片捧瓣高度雄性化，成为两个乳白色的圆形硬结，称全合捧，又称硬捧，俗称"三瓣一鼻头"。如春兰翠桃。

（23）五瓣分窠：两片捧瓣各自分开互不粘连，直至瓣根基部才汇合，这种着生形态称五瓣分窠。如春兰桂圆梅。

（24）分头合背：两片捧瓣端部相互分离，而自中部至瓣根基部联结在一起，这种着生形态称分头合背。如蕙兰潘绿梅常有这种形态出现。

（25）连肩合背：两片捧瓣与鼻和舌联结在一起而抱成一团，或捧瓣尖端部位与鼻稍有分离痕迹，这种着生形态叫连肩合背。如蕙兰翠萼。

老兰家说　　何种捧瓣为优

　　从欣赏的角度看，捧瓣优劣的评判要视具体情况而定：一要结合瓣形区别对待：梅瓣花以捧心光洁、内凹兜深、短圆阔厚、肉质柔软的蚕蛾捧为最优；水仙瓣花以捧瓣端部较圆、兜深而质软的观音捧为最优；荷瓣花以捧瓣短而圆、背部弧形较大、内凹外隆、紧扣蕊柱、质润光洁的短圆捧、蚌壳捧为最优。二要结合捧瓣的着生形态而定，以五瓣分窠的形态为最优。

（26）刘海舌：舌形为小半圆，圆正微下宕，久开舌端微上翻，形似少女额前刘海发型，称刘海舌。有大、中、小之分。如春兰宋梅、西神梅等。

（27）圆舌：舌前端呈圆形，微微下挂，久开微卷，称圆舌。有大、中、小之分。大圆舌以荷瓣为主，如春兰大富贵；中、小圆舌以水仙瓣居多，如春兰汪字、小打梅、翠一品、宜春仙等。

（28）如意舌：舌端稍呈三角形，平挂，不卷，形似工艺品如意头，故名如意舌。有大、中、小之分。如春兰万字、贺神梅、绿英、天禄等，蕙兰大一品、庆华梅、潘绿梅、解佩梅等。

（29）大铺舌：舌形宽大而稍长，呈下挂状，久开会卷，称大铺舌。以水仙瓣居多，如春兰龙字、彩云同乐梅、西子（开荷形水仙瓣时）。

● │ 刘海舌（宋梅）

● │ 大圆舌（大富贵）

● │ 中圆舌（廿七梅）

● │ 小圆舌（汪字）

● │ 大如意舌（大一品）

● │ 中如意舌（万字）

● │ 小如意舌（潘绿梅）

● │ 大铺舌（彩云同乐梅）

（30）龙吞舌：舌硬而不舒，舌尖部内凹微卷起兜，如龙吞食的形状，故名龙吞舌。以梅瓣居多，如蕙兰程梅、崔梅。

（31）卷舌：舌下挂，长而后卷，称卷舌。这种舌形大都出现在蕙兰中，如蕙兰金吞素等。

● │ 龙吞舌（程梅）　　　　　　　　● │ 卷舌（金吞素）

（32）方缺舌：舌舒而不卷，舌尖部中央呈内凹或微缺状，称方缺舌。如蕙兰蜂巧梅。

（33）执圭舌：舌稍长，呈长方形，舒而不卷，舌端钝尖，似古代大臣上朝时手中的执圭（朝板），故名执圭舌。如蕙兰元字。

（34）秤钩舌：舌尖向一侧歪且卷，形似秤钩，故名秤钩舌。如蕙兰老染字。

● │ 方缺舌（蜂巧梅）　　　　　● │ 执圭舌（元字）　　　　　● │ 秤钩舌（老染字）

老兰家说　　**何种唇瓣为优**

　　舌的形状以短圆、端正、不反卷为佳。舌的颜色以白色、淡绿为好（春兰以白色为贵，蕙兰以绿色为贵）。苔上附着的绒状物，以匀细色糯为上，粗而色暗为次；以绿色和白色为优，微黄色为次，至于全红苔色，因珍稀而名贵。总的来说，唇瓣以大如意舌、刘海舌、大圆舌为优。

（35）朱点。舌上缀有的红点称朱点。朱点以颜色鲜艳、分布匀称为优。春兰舌上的朱点有一点、二点或品字形，亦有块形或元宝形；蕙兰舌上的朱点散布，密度大，颜色深。

● ｜翠一品舌上的朱点

● ｜龙字舌上的品字形朱点

● ｜西神梅舌上元宝形朱点

● ｜美芬荷舌上"U"形朱点

● ｜蕙兰舌上的朱点散布

（36）苔：舌上的绒状物称苔。苔以匀细、明亮为优；颜色以绿、白为上，全红为贵。

（37）兰膏：蕙兰花朵盛开时，在小花柄靠花葶处，有一滴细圆且晶莹透彻的蜜露，称兰膏，又称蜜露、蜜腺。味甘醇如蜂蜜，如果抹去则花朵易萎蔫。

（38）簪：蕙兰每朵花的小花柄称簪。因解佩梅小花柄为淡红色，花色嫩绿如玉，故有"红簪碧玉"之美誉。

● ｜苔（金岙素）

● ｜兰膏（程梅）

● ｜簪（郑孝荷）

兰膏

簪

三、瓣形花的鉴赏

瓣形花又称正格花，就是花形端正，萼片数和花瓣数不增不减，以瓣形为观赏点的兰花。主要有梅瓣花、荷瓣花、水仙瓣花和素心花。

老兰家说　　**瓣形理论的提出**

清初，江苏的鲍绮云（薇省）把当时人们对一些兰蕙名品的评论进行搜集和整理，并用文字形式将一些兰蕙名品的形态特征记录在《艺兰杂记》一书里。他指出："春兰之干多紫色，惟素心则绿。若花瓣短而头圆者为梅瓣；略尖者为水仙瓣；较水仙略长而头阔者为荷瓣；上下皆阔者为超瓣。此俱上品。若又为素心，则超品矣。" 鲍绮云（薇省）以形象化的比喻列出了梅、荷、仙、素、超五大瓣形，开创了兰蕙鉴赏品评的新理论，被江浙一带的艺兰人称为瓣形学说或瓣形理论。至今已有260多年了。

（一）梅瓣

吴恩元在《兰蕙小史》中称："外三瓣短圆，捧心起兜，而舌硬不舒者谓之梅。"因此梅瓣花的基本特征是：

（1）外三瓣短圆、椭圆或长脚圆，并要求紧边、收根或略收根，侧萼片以平肩为佳。

（2）捧瓣瓣端雄性化、增厚、起兜，有白头、白边或白峰，常为蚕蛾捧或挖耳捧。

● 标准梅瓣花（绿英）

（3）唇瓣短圆、较硬、舒展而不卷，常为如意舌、小如意舌或小圆舌，上有鲜艳的品字形、元宝形、圆形或其他较规整的朱点。如素心则称为素梅。

完全符合上述基本特征要求的为标准梅瓣花，如春兰宋梅、贺神梅，蕙兰程梅、崔梅、端梅等。

梅瓣花以捧瓣雄性化程度和形态来区

分，有硬捧梅瓣、半硬捧梅瓣、软捧梅瓣3种不同形态。

（1）硬捧梅瓣。捧瓣全部雄性化，且和蕊柱联结在一起，外三瓣短圆，唇瓣小、尖、硬，俗称拳头梅。如春兰翠桃。

（2）半硬捧梅瓣。捧瓣雄性化较强，连肩合背或分头合背，硬蚕蛾捧，外三瓣头圆，唇瓣多为龙吞舌、小如意舌或小圆舌。如春兰桂圆梅、蕙兰崔梅。

（3）软捧梅瓣。捧瓣雄性化适中，圆整光洁，白头明显，外三瓣头圆紧边，五瓣分窠，唇瓣多为如意舌、小圆舌。如春兰宋梅、万字。

●｜硬捧梅瓣花（翠桃）　　●｜半硬捧梅瓣花（桂圆梅）　　●｜软捧梅瓣花（万字）

 老兰家说　**怎样的花才算"梅门精品"**

"千梅万世选"，真正的"梅门精品"要求是很苛刻的：外三瓣短圆紧边，主瓣正挺上盖，副瓣平肩拱抱。中宫大小适宜，松紧适度。捧瓣软糯白头、圆整光洁，合抱蕊柱。唇瓣短圆阔大，放宕适度。全花五瓣分窠，花秆细高出架，花色嫩绿，质地厚糯，花开经久不凋，骨力甚佳。真正的"梅门精品"是很少的。

●｜梅门精品（绿英）

近年来，下山梅瓣新花较多，比较著名的有春兰定新梅、仁海梅、廿七梅，蕙兰明州梅，莲瓣兰滇梅、点苍梅，春剑皇梅、玉海棠等。

●｜春剑梅瓣花玉海棠

● ｜ 标准荷瓣花（神话）

● ｜ 莲瓣兰荡山荷（杨开摄）

（二）荷瓣

吴恩元在《兰蕙小史》中称："外三瓣阔大而捧心无兜者，谓之荷。"兰花整花花形直观感觉好似初放的荷花。由此可见荷瓣花的基本特征是：

（1）外三瓣阔大、收根、放角、紧边、拱抱，侧萼片不拉长。

（2）捧瓣瓣端无增厚、不起兜、无白峰，瓣端浑圆或微尖呈钝角。以蚌壳捧、短圆捧和磬口捧为好，剪刀捧次之。

（3）唇瓣短、圆、正，微舒或微卷，以大圆舌、刘海舌为好，舌上朱点端正规整。

完全符合上述基本特征要求的为标准荷瓣花，基本符合的为一般荷瓣花或荷形花。

近年来，荷瓣新品选出，比较著名的有春兰神话、万青荷、美芬荷，莲瓣兰荡山荷、荷之冠，春剑天府荷、学林荷等。

 老兰家说　怎样的花才算高品位荷瓣花

"一荷无处求"，高品位荷瓣花要求是很苛刻的：外三瓣短圆紧边，收根放角，主瓣端正上盖，副瓣平肩拱抱。中宫圆正。捧瓣短、软、阔、圆、正、光洁，合抱蕊柱。唇瓣短、圆、阔、大，放宕适度。全花五瓣分窠，花秆较高，花色俏丽质糯，花开经久不凋，骨力甚佳。完全符合上述特征的标准荷瓣花是非常少的，如春兰大富贵、环球荷鼎、翠盖荷、绿云。

● ｜ 高品位荷瓣花（美芬荷，陈海蛟摄）

（三）水仙瓣

● | 标准水仙瓣花（汪字）

吴恩元在《兰蕙小史》中称："外三瓣起尖，捧心有兜而舌下垂者，谓之水仙。"由此可见，水仙瓣花的基本特征是：

（1）外三瓣长脚圆头，瓣端稍尖。侧萼片脚稍长，略拱抱，不落肩。

（2）捧瓣合抱端正，起兜有白边或微有白边，但雄性化程度低于梅瓣。

（3）唇瓣大而长，微下垂或微卷。

完全符合上述基本特征要求的为标准水仙瓣,如春兰汪字。

水仙瓣除标准的水仙瓣外，还有介于水仙瓣和荷瓣、水仙瓣和梅瓣之间的兼瓣花。

老兰家说　　什么是兼瓣花

介于两种瓣形之间的瓣形花称兼瓣花，主要有荷形水仙瓣和梅形水仙瓣两种。

（1）荷形水仙瓣。介于荷瓣和水仙瓣二者之间的兼瓣花。荷形水仙瓣的特征是：外三瓣较阔，接近荷瓣标准，而中宫却具水仙瓣特征，捧瓣起兜或微兜，唇瓣大而下垂。如春兰龙字、水仙大富贵等。

（2）梅形水仙瓣。介于梅瓣和水仙瓣二者之间的兼瓣花。梅形水仙瓣的特征是：外三瓣接近梅瓣标准，而中宫却具水仙瓣特征，捧瓣起兜或微兜，唇瓣大而下垂。如春兰西神等。

● | 荷形水仙瓣花（龙字）

● | 梅形水仙瓣花（西神梅）

水仙瓣与梅瓣、荷瓣有时很难区分,其原因:一是因兰花外三瓣形态千姿百态,有时伯仲难分;二是兰花内三瓣变化万端,有时似是而非;三是有些花瓣两种瓣形特征兼而有之(兼瓣花),难以认定;四是因气候差异、种植原因、兰株长势不同而开品不同。但是只要比较一下就可以一目了然,可以区分了。

表1　梅瓣、荷瓣、水仙瓣特征对照表

瓣形	梅瓣	水仙瓣	荷瓣
外瓣	萼片短圆、紧边、收根	萼片长脚圆头,瓣端稍尖	萼片阔大紧边、收根放角
捧瓣	捧瓣雄性化强,增厚起深兜,有白边或白头。常为蚕蛾捧、观音捧	捧瓣雄性化较低,微增厚起浅兜,有或微有白边。常为挖耳捧、观音捧	捧瓣雄性化弱,无增厚,不起兜,无白头,瓣端浑圆或呈钝角。常为蚌壳捧、短圆捧、磬口捧
唇瓣	舌瓣短硬而不卷。常为如意舌、小如意舌或小圆舌	唇瓣大而长,微下垂或微卷。常为大圆舌、大铺舌	唇瓣短圆,微舒或微卷。常为大圆舌、刘海舌

(四)素心花

素心花是指唇瓣上不带杂色的兰花。由于兰花的色素大都集中在唇瓣上,因此一般唇瓣无色块,外三瓣及捧瓣也不会有杂色。素心花按不同分类形式有不同种类。

(1)按兰花唇瓣的色泽分类,可分为绿苔素、白苔素、黄苔素、红苔素、桃腮素(舌根两侧有红晕)、刺毛素(舌苔上隐约有细微红色)等。

(2)按兰花的瓣形分类,可分为梅素(素梅)、荷素(素荷)、蝴蝶素、奇花素等。至于一般草素,因为瓣狭如鸡爪,不具瓣形而不被列入细花之列。

(3)按兰花花苞的苞衣色泽分类,可分为绿壳素、白绿壳素、赤壳素等,绿壳

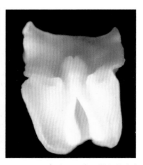

●│白苔素(皓月)　　　　　●│红苔素　　●│桃腮素(鹤裳素)

素、白绿壳素一般为净素。

（4）按兰花的花色分类，可分为绿花素、红花素、黄花素、白花素等。

历史上素心花地位较高，人们比较注重对素心花的选择。比较著名的品种有春兰张荷素、杨氏荷素、绿珠素、苍岩素，蕙兰金岙素、温州素、江山素、翠定荷素，莲瓣兰大雪素，春剑西蜀道光、隆昌素，建兰龙岩素、银边大贡，墨兰白墨素等。

近年来，素心花新品涌现不少，比较著名的有春兰知足素梅、江南雪，莲瓣兰永怀素、宝姬素、碧龙玉素、素冠荷鼎等。

● | 春兰知足素梅（陈海蛟摄）

● | 春兰杨氏荷素

● | 春兰江南雪

● | 寒兰素心花

老兰家说　　**精门瓣形花的基本标准有哪些**

精门瓣形花的基本标准：

（1）外三瓣短阔、头圆、收根、紧边、拱抱。

（2）主瓣正挺微俯，副瓣对称、平肩或飞肩。

（3）捧瓣短圆、合抱、软糯、光洁。

（4）唇瓣短圆阔大，朱点要色彩鲜艳，排列有序。

（5）花葶细圆高挺，花开出架。

（6）花色嫩绿俏丽，花瓣细腻糯润。

（7）花守好，筋骨好，花开逾半月色不衰、形不变。

（8）香气清远幽雅，沁人心脾。

（9）株型秀美，叶片疏密有致，弯垂适度，叶质糯润细腻，叶色青翠碧绿。

（10）神韵高雅，姿色俱佳。

● | 精门瓣形花（宋梅，品芳居摄）

外蝶（冠蝶，陈海蛟摄）

裙蝶（簪蝶）

四、奇花的鉴赏

奇花又称异形花，就是兰花的花朵发生变异，形成了奇异的形态。主要有外蝶、蕊蝶、多瓣花和叶艺。鉴别和欣赏奇花时，老祖宗留下的瓣形理论就不再适用了，需用现代兰花鉴赏新观念。

（一）外蝶

外蝶又称外蝴蝶、副瓣蝶。花朵外轮两片副瓣的下半幅由绿变白，并缀有艳丽的红色斑块，发生蝶化变异，称外蝶。外蝶有裙蝶和蝴蝶两类。副瓣唇化后拉长并下垂，形同裙裾称为裙蝶。裙蝶观赏性不很强。主瓣盖帽端正，副瓣蝶化达到1/3、平肩、不下垂，唇瓣圆大、色彩艳丽，称为蝴蝶。蝴蝶观赏性较强，梅瓣、水仙瓣、荷瓣和素心花中都有蝶化现象，如是梅瓣蝴蝶就叫梅蝶，荷瓣蝴蝶就叫荷蝶。此外，还有副瓣断续蝶化或副瓣有少量蝶化的称为半蝴。外三瓣狭长的半蝴称为草蝴。半蝴与草蝴观赏性不强，不入品。

外蝶的鉴赏要求：

（1）主瓣盖帽端正。由于副瓣蝶化后略有缩卷，因此若主瓣上挺，则会导致花形比例失调，有损美感，所以不要求主瓣与瓣形花的主瓣一样上挺，而以主瓣盖帽为佳。

荷蝶（大林荷蝶）　　　　半蝶　　　　草蝴

（2）副瓣蝶化过半，斑点对称，平肩。副瓣蝶化要达到1/2，如果蝶化不足就是草蝶，难以入品；而且蝶化部分达一半左右者比较稳定，如达不到一半则蝶花的稳定性较差，容易走蝶。但蝶化也不是越多越好，要适度，因为若蝶化过多，会使花形缩卷得很小，影响欣赏效果。两片副瓣蝶化部位的色斑要对称，肩要平。

（3）唇瓣圆大不卷，色彩艳丽。外蝶舌形以圆舌、大圆舌为上，卷舌与大铺舌为次，长尖舌与拖舌则为下品。

（4）整朵花的绿色、白色、红色的色差要分明，色斑色彩艳丽。如果色斑浑浊且无序则不入上品。

● │ 副瓣蝶化过半

● │ 绿、白、红色差分明

（5）稳定性要好。外蝶的稳定性较差，"十只蝴蝶九只飞"，尤其是蝶化部分达不到1/2的更容易"飞"。

历史上留下来的传统外蝶品种不多，但时下新种蝴蝶却不少，比较著名的有春兰蝴蝶龙、鼋蝶、五彩蝶，蕙兰中华玉荷蝶，莲瓣兰剑阳蝶等。

● │ 开"飞"了的蝴蝶

● │ 春兰五彩蝶

● │ 蕙兰中华玉荷蝶

（二）蕊蝶

兰花内轮捧瓣蝶化，由绿变白，并缀有艳丽的红色斑块，其形状及色斑和唇瓣相似，称为蕊蝶，又称内蝶、内蝴蝶。蕊蝶的鉴赏始于清代，嘉庆年间，江苏吴门艺兰家朱克柔在《第一香笔记》的"花品"中就载有"蝶兰（叠兰）"。这里的"叠兰"实为多舌内蝶。

蕊蝶又分有捧瓣蝶和三星蝶两种。

（1）捧瓣蝶。捧瓣蝶化，但没有完全唇瓣化，按蝶化程度可分为两类。

一类捧瓣蝶化程度较低，有绿色斑块，通常红、绿、白相间，没有中褶片（俗称喉管），称彩棒。这类花往往捧瓣较唇瓣宽大，显得大气，花品较稳定，因而有一定的观赏价值。如春兰花蝴蝶、大熊猫等。

一类捧瓣蝶化程度较高者，有中褶片（俗称喉管），乳化带彩，红斑鲜明，竖起似动物耳朵，色斑艳丽，非常神气，有较高的观赏价值，称捧蝶。似虎耳者称虎蕊，似猫耳者称猫蕊，似兔耳者称兔蕊。

（2）三星蝶。又称三心蝶，捧瓣蝶化程度非常高，完全乳化，除白底红斑外无杂色，有侧裂片和中褶

● 蕊蝶（乌蒙白彩）

● 彩捧蝶（蕊蝶）

● 春兰虎蕊（胡钰摄）

● 春兰花蝴蝶（胡钰摄）

● 春兰大元宝

● 蕙兰丽蝶

片（俗称喉管），即捧瓣完全蝶化，跟唇瓣一模一样或非常接近，且跟唇瓣一样外翻，显得规整，比捧瓣蝶有更高的观赏价值。

除了三星蝶外，还有四星蝶、五星蝶等，超过五瓣以上通常称牡丹，就归属于多瓣花一类了。此外，三星蝶中还有素花，即素三星。

三星蝶的鉴赏要求：

第一，捧瓣蝶化后必须具有褶片、中裂片和两侧的侧裂片才算完全蝶化，才能称得上真正的蕊蝶。如果捧瓣虽然唇瓣化并具有色斑，但不具有褶片、中裂片和两侧的侧裂片，便是没有完全蝶化的捧瓣蝶了。

第二，捧瓣蝶化后的形态、色斑与唇瓣一模一样或非常接近。三舌规整，对称一致。

第三，捧瓣蝶化后，红白分明，红点要鲜艳，白底无杂色，无绿苔。

蕊蝶的稳定性一般较外蝶要好一些，但一些捧瓣蝶化程度较差，没有侧裂片和中裂片，特别是绿底部分较大的彩捧开品不稳定，也会"飞"。只要在选育过程中注意褶片和侧裂片等高度蝶化的特征，就能最大限度地保证所选花品的稳定。

● ｜ 春兰素三星蝶

● ｜ 内三瓣一模一样（大元宝）

● ｜ 捧瓣完全蝶化（东方明珠）　　● ｜ 三瓣对称一致（双凤朝阳）　　　　● ｜ 退化了的三星蝶

历史上留下来的传统蕊蝶品种极少，但这些年来选出的优良新种甚多，比较著名的有春兰碧瑶、大元宝、虎蕊、黑猫、熊猫蕊蝶，蕙兰大叠彩、卢氏蕊蝶、紫砂星，春剑桃园三结义，莲瓣兰大唐凤羽、满江红等。

●｜莲瓣兰满江红

●｜春兰熊猫蕊蝶

●｜春剑桃园三结义

（三）多瓣花

兰花的萼片、花瓣和鼻头出现变异，数量超过正常的花被数，达到六瓣以上，甚至几十瓣，或伴有不同程度蝶化，此类花称为多瓣花。此类花的花朵、花序都发生较大变化，有很高的观赏价值。

先辈们对多瓣花的欣赏最早见于民国初年清芬室主人所著《艺兰秘诀》的"品格"篇中，书中载："有八瓣八舌者，名之曰数蝴蝶，是皆山川灵秀之气所钟，产此奇异产品，非特人之一生难得，实千百年难逢者也。"可见，早在100年前，有人对多瓣花就已经推崇备至了。

多瓣花形式多样，有菊花瓣、牡丹瓣、礼花形、领带形、麒麟形、子母花等。

（1）菊花瓣。花瓣多层聚生，有的多达数十片。蕊柱变异丛生，酷似菊花的花瓣。有的有几片花瓣蝶化，缀有红点，娇美无比。通常一箭两朵花，也有3朵聚生在一起，花球硕大，风采极佳，神韵卓绝。因花形似菊花，故称其为菊花瓣。菊花瓣以春兰余蝴蝶为代表。

（2）牡丹瓣。外三瓣微飘，但正格有序，捧瓣变异不规整，舌瓣增生可达数十片，排列有序，分层舒展，舌上红白分明，鲜丽无比。蕊柱萎缩，变异成许多小舌片。因花朵朝天开放，酷似微型牡丹花，故称其为牡丹瓣。牡丹瓣花以春兰盛世牡丹、蕙兰绿牡丹为代表。

● | 菊花瓣（余蝴蝶）　　● | 牡丹瓣（天彭牡丹）

（3）礼花形。又称树形花，外瓣多达6～9片，沿主花葶交替互生。在第一片花瓣上腋生一花，呈放射状，聚生10余片舌瓣，洁白而缀有红点。花葶顶部的花瓣又腋生一花，着生近10片舌瓣，实为一葶多花的树形花。礼花形兰花叶片上大都有不规则的雪花点，是区别于其他花形的特殊标识。礼花形花以春兰千岛之花、路灯，莲瓣兰金沙树菊等为代表。

（4）领带形。外三瓣正格有序，捧瓣较长并半蝶化，外瓣与中宫之间腋生许多舌瓣，大小不一，有时多达20余片，蕊柱变异成舌瓣。大小舌瓣簇聚一起，色彩艳丽，花形丰满。以春兰多朵蝶、神舟奇蝶，莲瓣兰黄金海岸为代表。

● | 礼花形（金沙树菊，杨开摄）　　● | 领带形（黄金海岸）

（5）麒麟形。又称狮子形，外瓣反卷，中宫聚生许多花瓣、舌瓣、蕊柱，花朵朝天开放，雍容瑰丽，多姿多彩，气度非凡。以蕙兰玉麒麟、远东麒麟、卢氏雄狮为代表品种。

（6）子母花。即一朵花中从外瓣、捧瓣的基部或腋部再生出一朵小花，形成大花带小花的形态，故称子母花。

● ┃ 麒麟形（玉麒麟）　　　　　　● ┃ 子母花（真龙天子）

多瓣花的鉴赏要求：

（1）萼瓣、捧瓣、舌瓣及鼻头的数量较多，瓣形较宽，奇而有序，花形稳定。只有萼瓣、舌瓣、唇瓣及鼻头的数量较多，观赏价值才高；如果数量稀少，则有稀疏零散之感，则不显得那么奇了。

（2）多瓣花要多而有序，多得有规律，如果乱蓬蓬的、杂乱无章、多而无序，则多而不美。

（3）多瓣花要色彩艳丽、瓣质厚糯，如果瓣薄色差则难入上品。

● ┃ 萼瓣、捧瓣、舌瓣及鼻　　　● ┃ 多瓣花要瓣多而有序　　　● ┃ 多瓣花色彩要艳丽（五彩麒麟）
　　头的数量较多（绿牡丹）　　　　　　（神州奇蝶）

（4）多瓣花要有稳定性。奇花难以稳定，这是通病。一般来说，只要花被数量较多，奇得有规律，花品才较为稳定。

历史上留下来的传统多瓣花品种极少，仅有春兰余蝴蝶一种。近年来多瓣花新品选出，十分"养眼"。比较著名的有春兰盛世牡丹、多朵蝶、千岛之花，蕙兰绿牡丹、玉麒麟、五福蝶、远东麒麟、卢氏雄狮，莲瓣兰黄金海岸、金沙树菊，春剑盛世中华等。

● │ 蕙兰卢氏雄狮

五、叶艺的鉴赏

所谓叶艺，主要是指兰花叶片上分布了白色、黄色或透明的色线、色斑，或兰株的形态发生变异，从而使兰叶成为有艺术欣赏价值的可赏之叶。

中国人传统赏兰叶主要是赏兰叶的流畅线条，赏兰叶的潇洒飘逸，赏兰叶的风姿神韵。至于兰叶上的色线、色斑，古兰书很少提及，仅有金边、银边之说。对兰叶上的色线、色斑的观赏始于200多年前的日本，上世纪初在日本、中国台湾、韩国等地兴起叶艺热。到20世纪80年代，随着兰花资源的大量开发，叶艺品种越来越多，兰花的叶艺始成为中国兰花的一大鉴赏门类，对兰花叶艺的欣赏之风在我国才开始掀起。

兰花的叶艺品种名目繁多，笔者认为可分三大类：线斑艺、叶蝶艺、整株艺。

（一）线斑艺

线斑艺主要指叶边上的艺、叶尾上的艺和叶面上的艺三类。也有将线斑艺分为爪艺、边艺、斑艺、缟艺四类。

1. 叶边上的艺

兰花叶边上的艺又称覆轮艺、边草。标

● │ 覆轮艺

准的覆轮艺应是整株兰中的每片叶从叶尾至叶脚基部均有色边；有的整株兰叶只出现2/3以上长度的色边，即色边没延伸至叶脚基部，也可称覆轮艺。其艺色一般为黄色或白色，俗称金边或银边。

● │ 爪艺

2.叶尾上的艺

兰花叶尾上的艺主要有扫尾艺、爪艺、冠艺、水晶艺等。

（1）爪艺。叶片尖端边缘出现黄、白色艺，使叶尾看起来像鸟爪，称爪艺；也像鸟嘴，故也称嘴。爪色如为黄色则称金嘴，白色则称银嘴。

（2）冠艺。叶尾尖端边缘有成片的色艺，称冠艺。其颜色多为黄色或白色，分别称黄冠、白冠；也有深绿色的，称绀帽。

（3）水晶艺。兰花叶尾隆起、增厚，出现乳白色或银白色半透明的水晶状体，称水晶艺，俗称水晶头。水晶有时也会出现在叶边或叶面上，称水晶边、水晶斑。其中水晶头最为常见。

3.叶面上的艺

兰花叶面上的艺比较复杂，叶艺多种多样，大致可分为中透艺、中缟艺、斑艺等。

（1）中透艺。色艺成片出现在叶片中间，仅叶尾和叶边呈绿色，称中透艺。色艺为黄色者称黄中透艺，白色者称白中透艺。

● │ 冠艺

● │ 水晶艺

● │ 中透艺

（2）中缟艺。缟，原意为绢，引申为织物上的线纹。叶片中间出现白色或黄色的色线称中缟艺。

（3）斑艺。兰花叶面上出现斑块状的色艺，呈不规则分布，形成斑斑点点的黄色、白色或青苔色的色斑，其形与色如虎皮者称虎斑，如蛇皮者称蛇皮斑。

此外，兰花叶面上的艺，还有中斑艺、中斑缟艺、片缟艺（晃艺）、粉斑艺、曙艺、琥珀艺和雪花点等。

● 中缟艺

● 斑艺

（二）叶蝶艺

叶蝶艺主要是指兰花的中心叶蝶化。叶蝶艺的情况主要有以下几种：

（1）有的兰株有一片中心叶蝶化，有的兰株有数片叶蝶化。

（2）蝶艺部分有的发生在叶尖，有的发生在叶边，也有的发生在叶片的中部。

（3）有的蝶化面积小，只有叶尖或叶边少部分蝶化，有的蝶化面积大。

（4）有的几片中心叶全部蝶化，成为花朵，并散发幽香，称为叶恋花。

● 叶蝶

● 几片叶蝶化

● 中心叶全部蝶化成为花朵（大叠彩）

产生叶蝶的兰草基本上会出蕊蝶，但不是所有蕊蝶的兰草都能产生叶蝶艺。叶蝶主要发生在蕊蝶的中心叶上，往往要有5片以上的壮草的中心叶才有叶蝶，如梁溪蕊蝶、虎蕊、大元宝等。

有叶蝶艺的兰草，绿叶、白蝶、红点相互映衬，十分美丽，有较高的观赏价值。

（三）整株艺

整株艺主要是指整株兰草发生变异，形体矮小，有特殊观赏价值。主要有矮种、鳞生体两类。

（1）矮种（迷你兰）。株型明显比正常兰花的株型矮，称矮种。矮种一般叶片厚实、叶尖圆头、株型紧凑、生长健壮，有其特殊的观赏价值。

（2）鳞生体（水晶龙）。叶片矮小，叶幅增阔，叶面起纵形的褶皱、有隆起的棱纹以及纵形的黄色或白色条纹，整叶有时扭曲，状如游龙，称鳞生体。这类叶奇巧壮实，有较高的观赏价值，且花朵奇特。

● 矮种

● 鳞生体

老种品鉴篇

一、春兰老种

（一）梅瓣

宋梅

春兰梅瓣。清乾隆年间浙江绍兴宋锦旋选育。

新芽紫红色。叶姿半垂，叶长20～32厘米，宽1～1.5厘米。叶色浓绿，富光泽。株型优美。

花苞短圆，上部空头。花葶淡紫色，顶上一节花葶白绿色，高12～16厘米，花出架。外三瓣阔而圆，瓣端有尖锋，周边有嫩白边，瓣质厚糯，瓣沿紧边，一字

①宋梅株型
②宋梅叶芽
③宋梅花苞

肩。蚕蛾捧，捧端白头明显，分窠合抱，圆整光洁。刘海舌，舌上朱点鲜艳。宋梅通常开标准梅瓣，有时开梅形水仙瓣或荷形水仙瓣。花色翠绿，幽香馥郁，久开花形不变。为春兰"四大天王"与春兰"老八种"之首，与龙字合称"国兰双璧"。

● ｜ 宋梅花朵（文荷摄）

 老兰家说 宋梅的开品富有变化

宋梅的开品极富变化。不仅有标准的梅瓣花，而且有外三瓣似荷而中宫似梅的荷形梅瓣，外三瓣为梅瓣、中宫似水仙瓣、唇瓣下宕的梅形水仙瓣，以及外三瓣似荷而中宫似水仙瓣的荷形水仙瓣。有时还会出现一葶双花。唇瓣变化也很大，有的被捧瓣紧抱，有的下宕；有的为白舌，有的舌上有1～3个朱点。

● ｜ 荷形梅瓣

● ｜ 梅瓣

● ｜ 白舌（梅形水仙瓣）

● ｜ 一葶双花

● ｜ 舌上有红点

万字（鸳湖第一梅）

春兰梅瓣。清同治年间在浙江嘉兴选出。

新芽白绿色，有微紫红晕。叶姿半垂，叶幅中部宽阔，宽1～1.5厘米，长20～28厘米，叶沟浅，边叶有行龙，叶缘锯齿细密。叶质厚而软，叶色浓绿，有光泽。

花苞绿紫色，筋麻深紫色。花葶较粗，高12～16厘米，出架，淡紫色。花朵未绽放时有白边，外三瓣紧圆阔大、有尖锋，一字肩，有时可开飞肩。软蚕蛾捧，深兜，捧瓣前端有淡红隐点，捧瓣圆紧端正。如意舌，前端呈钝角形，不下宕。花色湖绿。花型大，展绽直径4.5～5厘米。日本将其列入春兰"四大天王"之一。

老兰家说　**如何识别万字和宋梅**

万字十分珍稀，即使在江浙地区的兰博会也难得一睹芳容，一些兰书上的万字照片也常用宋梅顶替。宋梅的花葶顶上一节转白绿色，万字的花葶顶上一节未转色；宋梅的捧瓣白头、舌为刘海舌，而万字的捧瓣前端泛红、舌为如意舌。

③｜②　①万字株型
④｜①　②万字叶芽
　　　　③万字花苞
　　　　④万字花朵

贺神梅（鹦哥梅）

春兰梅瓣。出产于浙江四明山脉之鹦哥山，余姚黄成庆选育。

新芽淡紫红色。叶姿斜立，叶细狭，宽0.6～0.8厘米，长20～30厘米，叶色黄绿偏淡。

花苞壳为水红色，锋尖有绿彩，子房苞衣绿彩浓。花葶淡紫红，顶节转绿，高10～12厘米。外三瓣圆头收根，紧边拱抱，一字肩或飞肩，花瓣正面净绿，背面有红丝。软观音捧，捧瓣前端淡黄色面积大，捧瓣后部有细红丝，捧心圆整光洁。刘海舌圆整放宕，上有淡朱点。花形端正有气度，花色俏丽。为春兰"老八种"之一。

老兰家说　　贺神梅的养护

贺神梅养护困难，《兰蕙小史》称"不易起发"。贺神梅的养护要注意如下几点：一植料要疏松，促使根系发达；二要素养，少施肥；三要适当光照，不宜过分阴养；四植料要稍干，不宜过湿。

②│③
①│④
①贺神梅株型
②贺神梅叶芽
③贺神梅花苞
④贺神梅花朵

小打梅

春兰梅瓣。清道光年间在江苏苏州花窖选出。

新芽淡紫红色，芽尖有白头。叶姿半垂，叶细狭长，长20～25厘米，宽0.6～0.8厘米，叶沟呈"V"形。叶色翠绿、有光泽，叶柄细收，叶梢尖长。

花苞绿底赤筋，锋尖有绿彩，赤紫筋麻。花葶粉紫色，顶上一节转绿。外三瓣短圆，紧边，微落肩。分窠蚕蛾捧，捧瓣端部有淡黄色兜，捧瓣内侧有深紫色线条。短圆舌，朱点色淡。花色深绿，花形小巧，花品端正。春兰"老八种"之一。

①小打梅株型
②小打梅叶芽
③小打梅花苞
④小打梅花朵

桂圆梅（赛锦旋）

春兰梅瓣。民国初年浙江绍兴朱祥保选出。

叶芽紫绿色。叶姿半垂，叶色浓绿，富有光泽，叶脉白亮，叶缘有锯齿，叶质硬。株型优美。

花苞绿底有紫筋麻，内层苞衣有绿彩。花葶翠绿，茎节上有红晕，花葶高，齐叶架。由于苞衣紧包花蕾，三瓣相搭，须略施手术，花瓣方能顺利绽放。外三瓣阔大，圆头，收根，紧边，质厚，一字肩。分窠半硬蚕蛾捧。如意舌下宕，上有浅色朱点。花色翠绿，花形端正。春兰"老八种"之一。

老兰家说　**莫把桂圆梅当鹤市**

桂圆梅已广为流传，但真鹤市至今未见露面。在日本、中国台湾流传的鹤市均为桂圆梅，大陆兰展露面的所谓鹤市也均为桂圆梅。《兰蕙小史》载：鹤市"三瓣大头细收，分头连背，捧心硬，如意舌。"而桂圆梅是"五瓣分窠"。

● │《兰蕙小史》上所载的鹤市

② │ ④　①桂圆梅株型
① │ ③　②桂圆梅叶芽
　　　　　③桂圆梅花苞
　　　　　④桂圆梅花朵

养安梅

春兰梅瓣。1922年浙江绍兴钮养安选育。

叶姿半立，叶宽0.8～1.0厘米，长30～40厘米，叶沟深，呈"V"形，叶质厚硬，叶色浓绿。叶质似西神梅。

花苞绿壳，有紫筋，锋尖有紫晕。花葶高挺，齐叶架，色绿，底有淡紫晕，顶上一节转绿。外三瓣长脚，大圆头，紧边，瓣质厚糯，一字肩。花瓣展绽后，花瓣边缘仍有淡淡的白边。花色翠绿。蚕蛾捧，蕊柱背部微露于二捧之间，捧心前端圆润光洁，白边明显。刘海舌放宕、舒展，舌上朱点呈"V"形。花朵微俯。养安梅之花色可与宋梅、西神梅媲美。

老兰家说　**养安梅的养护**

养安梅，自选育至今已有百余年历史，然存世量较少，价格在传统春兰中是唯一居高不下的品种。究其原因主要在于种养不当和发芽率不高。养安梅在养护过程中要注意如下几点：一是忌湿，宜偏干，否则易烂根；二是忌肥，宜素养，否则易倒草；三是养护宜偏阴，光照不宜太强。

②　④
③　①

① 养安梅株型
② 养安梅叶芽
③ 养安梅花苞
④ 养安梅花朵

瑞梅

春兰梅瓣。1930年左右浙江绍兴刘阿余采得,江苏苏州谢瑞山种养并命名。

新芽紫红色。叶姿斜立,叶宽0.6～0.8厘米,长20～25厘米。叶沟较深,呈"V"形,每棵植株仅3～4片叶。叶质厚硬,叶色深绿,叶梢尖长。

花苞赤紫色,锋尖带绿,子房苞衣全绿彩。紫红花葶,外三瓣短圆、紧边、质厚,色净绿微泛黄,一字肩,花品端正。半硬蚕蛾捧,捧端的白头上有隐红点。硬如意舌,初放花时,舌端呈尖形,久开下垂呈小圆形,舌上朱点淡。捧瓣内侧有紫红纹,捧瓣根部有细红丝。

老兰家说　**莫把瑞梅当万字**

因万字珍稀,难得一见,有相当一段时间,人们误将瑞梅作万字。其实二者区别是很大的:瑞梅叶幅狭、叶质硬、斜立、叶沟呈"V"形,万字叶幅较宽、叶质糯润、半垂、叶沟呈"U"形;瑞梅花常俯开、紫红色彩较重,万字花开昂首、色为湖绿;瑞梅尖如意舌、开足后下宕,万字如意舌、开足后不下宕。

① 瑞梅株型
② 瑞梅叶芽
③ 瑞梅花苞
④ 瑞梅花朵

天兴梅

春兰梅瓣。1885年沈姓花农选出。

新芽淡紫红色。叶姿半垂，叶幅阔大，宽1.5厘米左右，长20～30厘米，叶梢呈承露形，叶色翠绿。

花苞淡红色，筋紫红色，锋尖淡绿彩。花葶淡红色，高10～12厘米，不出架。外三瓣短圆、阔大，瓣端有钩锋，瓣质厚，紧边，一字肩。分窠蚕蛾捧，捧瓣前端有凹缺，捧瓣内侧有放射状红线。刘海舌，舌瓣放宕下垂，呈三角形，舌上有朱点1～4点。花色翠绿艳丽。

 老兰家说

莫把"大头天兴"当婉香、秦梅

天兴梅因外三瓣特别圆大，因而获得"大头天兴"的雅号，也成了一些绝迹品种的替代品。笔者已知的有：从日本返销回来的婉香大都是天兴梅；从日本返销回来的秦梅也是天兴梅。

● 《兰花谱》所载的秦梅　　● 《兰花谱》所载的婉香

① 天兴梅株型
② 天兴梅叶芽
③ 天兴梅花苞
④ 天兴梅花朵

绿英

春兰绿梗梅瓣。清光绪年间苏州顾翔霄选育。

新芽翠绿微带红丝。叶半垂，宽1～1.5厘米，长25～30厘米，叶柄紧收，叶沟浅，先端稍钝，叶质软润，叶色浓绿有光泽。

花苞绿色，缀有紫筋麻，子房苞衣全绿。花葶翠绿，高齐叶架。外三瓣短圆，紧边，花瓣质地厚糯，微落肩。软蚕蛾捧，捧瓣翠绿色，缀有绿纹，端部白边明显，形态圆整。大如意短圆舌，元宝形朱点特别鲜亮。花色净绿俏丽，花品清秀。传统春兰梅瓣中，绿梗绿花仅此一种。

① 绿英株型
② 绿英叶芽
③ 绿英花苞
④ 绿英花朵（文荷摄）

老兰家说　　绿英"贵"在何处

王叔平在《秘本兰蕙图谱》中称赞绿英"品最高贵"，究竟绿英"贵"在何处呢？原来绿英是"绿芽、绿叶、绿壳、绿茎、绿花"，是"五绿"俱全的"绿"中之"英"，是传统春兰梅瓣中唯一的"绿梗绿花"。

翠筠（发祥梅）

春兰梅瓣。民国初年浙江余杭选出。

新芽紫红色。叶姿半垂,宽0.8～1.2厘米,长40厘米左右,叶柄紧细,叶梢尖长,叶幅中阔,叶沟浅呈"U"形。叶质厚,叶色深绿,叶稍钝。

花苞绿底紫筋到顶。青梗青花,花莛细圆高挺,高15～20厘米。外三瓣收根细,长脚圆头,紧边,质厚糯,副瓣拱抱,一字肩。软蚕蛾捧,圆整光洁,内有红筋。刘海舌,有朱点。花色翠绿,长势强健,发芽率高。

老兰家说　　**上品圆梅即翠筠**

真正的上品圆梅早已失传,现在流传的上品圆梅实为翠筠。

①翠筠株型
②翠筠叶芽
③翠筠花苞
④翠筠花朵

③｜②

④｜①

永丰梅

春兰梅瓣。民国九年浙江奉化选出。

新芽紫绿色。株型健壮，叶姿半垂。叶宽0.8～1.2厘米，长25～30厘米，叶柄紧细，叶梢尖长，叶幅中阔，叶面较平，叶质厚，叶色深绿，叶稍钝。

花苞绿色有紫筋。花葶高约15厘米。蕾尖白头明显，外三瓣大圆头，收根细，紧边，质厚糯，主瓣高挺，副瓣平肩。半硬捧，圆整光洁，紧抱不散。如意舌，端部有鲜艳的朱点。花色翠绿，花期较迟。长势强健，发芽率高。

① ②
④ ③

① 永丰梅株型
② 永丰梅叶芽
③ 永丰梅花苞
④ 永丰梅花朵

老兰家说　　永丰梅、圆梅和元梅是同一个品种

《中国兰谱》将永丰梅和圆梅列为两个品种；沈渊如在《兰花》一书中有永丰梅和元梅记载；日本《中国春兰名鉴》又将永丰梅和元梅列为两个品种，因而人们将永丰梅、圆梅和元梅误认为是不同的品种。其实，沈渊如《兰花》书中的元梅历史上确有其花，存世与否不得而知。但目前我们看到的永丰梅、圆梅和元梅都是同一个品种。

九章梅

春兰梅瓣。民国初年浙江宁波杨祖仁选出。

新芽端紫红色。叶姿半垂，呈细带状，宽0.8厘米左右，长30～40厘米，叶柄细，叶梢尖长，叶幅中阔，叶面沟呈"V"形，叶质厚硬，叶色黄绿。

花苞绿底紫筋到顶。花葶长约10厘米，不出架。外三瓣大圆头，紧边，瓣质厚，主瓣直立，副瓣微落肩。观音捧，浅兜，捧背部有紫红筋纹。刘海舌，上有艳丽朱点，开足后易卷。长势强健，发芽率高。

老兰家说　　九章梅、天章梅和九庄梅是同一个品种

　　有的兰著将九章梅、天章梅和九庄梅说成是不同的品种，甚至还说出了它们的不同之处。但到目前为止，人们在兰展上见到的九章梅、天章梅和九庄梅都是同一个品种。

①九章梅株型
②九章梅叶芽
③九章梅花苞
④九章梅花朵

翠桃

春兰梅瓣。浙江绍兴安昌选出。

新芽紫绿色。叶姿半垂，叶幅较阔，宽1厘米左右，长15～25厘米，叶柄紧细，叶梢短，叶面较平，叶质厚，叶色翠绿。

花苞赤绿有紫筋。花葶赤红，高8～10厘米。外三瓣呈菱形，微飘，故称桃瓣，短阔，收根细，瓣质厚，副瓣平肩。捧瓣呈两个淡黄色硬块，合背。唇瓣为雀舌，和捧瓣紧抱不散，形成"三瓣一鼻头"。花外轮大、中宫小，花色翠绿。

① 翠桃株型
② 翠桃叶芽
③ 翠桃花苞
④ 红梗翠桃花朵

老兰家说

红梗翠桃和绿梗翠桃是不同的两个品种

　　翠桃有红梗翠桃和绿梗翠桃两个品种。绿梗翠桃花色更翠绿，外三瓣更阔大，瓣端有凹形缺口。

● | 绿梗翠桃

（二）荷瓣

大富贵（郑同荷）

春兰荷瓣。1909年在上海选出。

新芽紫红色。叶姿肥环，叶幅宽阔，叶宽1.2～1.5厘米，长20～25厘米，叶梢钝圆，叶柄粗壮，叶边向内微卷，叶沟浅，并有行龙，叶缘锯齿极细。每株最多叶片可达7～8片，叶色浓绿，有光泽，叶质厚而柔。

花苞紫红色，筋麻紫色，苞衣宽大圆短。花蕾形状似木鱼槌头。花葶绿底淡粉红，高10厘米左右。外三瓣短圆，阔大，收根细，大放角，瓣端两侧紧边。花瓣特别厚糯。蚌壳捧阔大，合抱蕊柱。大刘海舌，朱点呈"U"形，鲜明。花色微黄。大苗时可一葶双花，分外壮观。花形端正，有富贵气。为春兰荷瓣花最佳品种。

③ ②
④ ①

① 大富贵株型
② 大富贵叶芽
③ 大富贵花苞
④ 大富贵花朵（品芳居摄）

翠盖荷（文荷）

春兰荷瓣。1900年浙江绍兴棠棣冯长生采得，浙江杭州邵芝岩选育。

新芽白绿色。叶姿直立矮小，叶宽0.5～0.8厘米，长仅10～16厘米。叶柄紧细，叶梢尖钝，叶色浓绿，有光泽，叶面光滑，叶鞘紧抱叶柄。是春兰传统名兰中，株型最矮小的品种。

花苞绿底紫晕。花葶绿色略粗，花葶高仅3～6厘米。外三瓣短圆，收根细，紧边，瓣端放角。磬口捧圆整。大圆舌微卷，朱点鲜明呈"U"形。花小草矮十分相配，花品显得小巧精致。

②	③
①	④

① 翠盖荷株型
② 翠盖荷叶芽
③ 翠盖荷花苞
④ 翠盖荷花朵（品芳居摄）

环球荷鼎

春兰荷瓣。1922年发现于浙江上虞大舌阜山中。

新芽绿紫红色。叶姿斜立，有承露叶，叶梢短而起兜呈匙形，叶幅中段宽阔，宽达1～1.5厘米，长18～28厘米。叶脉细，叶质厚硬，叶缘向内卷，锯齿稀而细，叶色浓绿有光泽。叶形极似绿云。

花苞水银红色，筋麻紫色。花葶翠绿色，高约10厘米。外三瓣短阔，收根放角，紧边，瓣肉极厚。短圆蚌壳捧。荷瓣花通常是大圆舌，而环球荷鼎却是刘海舌，舌上朱点呈"U"形。花色绿中泛紫，呈琥珀色，也有绿色的。花品端正，是花色和舌瓣均有特色的中型荷瓣花。

老兰家说　环球荷鼎有琥珀色和绿色两个开品

环球荷鼎有两种开品，即琥珀色环球荷鼎和绿色环球荷鼎，于是有人认为是两个品种。其实它们是同一个品种，是花苞出土时间不同、受光情况不同而造成花色不同。有时会发现同一盆草中会出现两个不同壳色的花苞，出土早的花苞颜色深，开琥珀色；出土晚的花苞颜色浅，开绿花。

①环球荷鼎株型
②环球荷鼎叶芽
③环球荷鼎花苞
④环球荷鼎花朵（布衣摄）

端秀荷

春兰荷瓣。民国年间浙江宁波杨祖仁选育。

新芽翠绿。叶姿斜立，宽0.8～1.0厘米，长25厘米左右，叶梢短而钝尖，叶幅呈纺锤形，叶边缘向内卷，叶色浓绿特别光亮，是春兰荷瓣中叶形最美的品种。

花苞短圆，绿底紫红色。花葶较高，外三瓣特别短阔，收根细，紧边，放角。蚌壳捧。刘海舌放宕，不卷，朱点鲜艳。五瓣布满紫红筋纹，花色泛紫红。花品端正秀气，中小花型，流传较少。

①　④　　　① 端秀荷株型
　　　　　　② 端秀荷叶芽
②　③　　　③ 端秀荷花苞
　　　　　　④ 端秀荷花朵

（三）水仙瓣

集圆（老十圆）

春兰水仙瓣。清咸丰年间浙江余姚张圣林选育。

新芽淡绿微有红晕。叶姿弓垂，叶柄粗壮，叶形和宋梅相似，唯兰株中部有一细狭叶。叶质厚糯，叶色浓绿而富光泽。

花苞绿色，上有紫筋麻。花葶赤红，花朵出壳后愈开愈大。外三瓣短圆阔大，一字肩，紧边，瓣质厚。花瓣未绽放时有白边，花色嫩翠绿色、根部有淡粉红晕，有隐绿筋。分窠观音捧，捧头有微红点，捧瓣端正合抱。刘海舌舒而不宕，3块朱点呈品字形。集圆常开水仙瓣，有时开梅瓣或梅形水仙瓣。花品端正，花色娇丽，春兰"四大名花"和春兰"老八种"之一。

 老兰家说　　**集圆和十圆是同一个品种**

有人把集圆和十圆认作是两个品种，甚至著书立说，造成很大的混乱。其实，这二者是同一个品种，《兰蕙同心录》早就指出"集圆梅即十圆"。集圆的花品极富变化，梗色、花色也会变化，有赤红色，亦有绿中见紫。有时同一盆花会有两种不同颜色的花苞，梗色、花色也会不同，有赤红色，也有绿中见紫色。

①集圆株型
②集圆叶芽
③集圆花苞
④集圆花朵

龙字（姚一色）

春兰荷形水仙瓣。清嘉庆年间产于浙江四明山。

新芽绿色，缀有紫筋纹，芽尖有白头。叶宽1～1.5厘米，长30～40厘米，株型雄伟，叶色绿有光泽。

花苞绿色，深紫麻筋，子房苞衣全绿带白边。花葶翠绿细长，高15～20厘米。外三瓣圆头紧边，拱抱展绽。分窠观音捧，捧内有红丝。大铺舌，舌上朱点二长一短，呈倒品字形，十分鲜明。花型特大，展绽直径可达7厘米，花色翠绿略带黄，久开不变形。龙字是春兰荷形水仙瓣的典型代表，是"四大天王"与春兰"老八种"之一，与宋梅一起被誉为"国兰双璧"。

 老兰家说　　龙字叶形有何特征

龙字株型高大，叶形为著名的"线香脚"，即叶柄细长似线香；"螳螂肚"，即叶腹部宽阔似螳肚；"鳝鱼尾"，即叶梢钝尖，似鳝尾。

彩云同乐梅、汪字的叶形和龙字叶形有几分相似，但彩云同乐梅虽是"螳螂肚""鳝鱼尾"，但不是"线香脚"；汪字不是"线香脚"，而且叶梢锐尖，不是"鳝鱼尾"，叶腹中部"螳螂肚"也不很明显。

```
② ④
① ③
```

① 龙字株型
② 龙字叶芽
③ 龙字花苞
④ 龙字花朵（品芳居摄）

汪字

春兰水仙瓣。清康熙年间，由浙江奉化汪克明选育。

新芽淡粉紫色。叶姿斜立，叶柄紧收，叶沟深，呈"V"形，叶梢锐尖，叶质厚硬，叶色深绿，叶幅较狭，叶宽0.6～0.8厘米，长25～35厘米。

花苞绿底缀有紫麻筋。花莛白绿色，节上有红晕，高15～20厘米，花出架。外三瓣长脚圆头，紧边，质厚色糯，拱抱展绽，一字肩。分窠挖耳捧。小圆舌，朱点淡，有时开白舌。花色嫩绿，花形端正，花守好，花开经月不变形。春兰"四大名花"和春兰"老八种"之一，是春兰水仙瓣的代表。

老兰家说　　汪字的花守

所谓花守又称筋骨，即花期长，且花朵久开不变形。汪字的花守在春兰中是最著名的，花开逾月仍不变形。

● │ 花开已逾1月的汪字

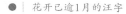

①汪字株型
②汪字叶芽
③汪字花苞
④汪字花朵

西神梅（喜晨梅）

春兰梅形水仙瓣。产于浙江奉化，1911年江苏无锡荣文卿选得。

新芽鲜绿有紫红筋纹。叶姿斜披，叶柄紧细，叶梢尖长，叶宽0.5～0.8厘米，叶长18～25厘米，叶沟深，呈"V"形，叶缘锯齿特别粗糙，叶色浓绿有光泽，株型不大。

花苞银红色有绿沙晕，子房苞衣全绿并有白边。花葶淡粉紫色，顶上一节花葶转翠绿色，花葶细圆，高挺出架，高15～20厘米。外三瓣宽阔短圆，主瓣紧边，拱抱展绽，未绽放时白边明显，渐放后白边消退。平肩。短圆蒲扇捧，捧瓣周边白边明显。大刘海舌，上有一颗鲜红大圆点。久开形不变，色不凋。

老兰家说　　西神梅的花品

西神梅是梅形水仙瓣的杰出代表，它的花品被称作"无上神品"，是迄今为止唯一能与"四大名花"宋梅、集圆、龙字、汪字媲美的优良品种。惜中窠偏软，开足后外瓣有飘感，且其勤花惰草，繁殖较慢。

① 西神梅株型
② 西神梅叶芽
③ 西神梅花苞
④ 西神梅花朵

彩云同乐梅（苏州春一品、贝氏春一品、新春梅）

春兰荷形水仙瓣。1937年之前江苏苏州贝姓爱兰者选育。

新芽绿色。叶姿斜立，叶柄紧而粗壮，叶梢钝，叶沟浅，叶幅宽1～1.5厘米，长30～40厘米。株型高大雄壮，叶色深绿有光泽，叶质厚硬。

花苞水银红色，锋尖有绿彩，子房苞衣全绿。花葶淡粉红色，高约20厘米。外三瓣阔大收根，荷瓣形，主瓣紧边，副瓣前端紧边，根部平展，一字肩。分窠半浅兜滑口捧。圆舌放宕，朱点小而靠近喉部。花色翠绿，偶开滑口。集梅瓣、水仙瓣、荷形于一身，花型特别大，是春兰中最大花形之佳种。

④ ｜ ①
③ ｜ ②

①彩云同乐梅株型
②彩云同乐梅叶芽
③彩云同乐梅花苞
④彩云同乐梅花朵

逸品

春兰梅形水仙瓣。民国初年浙江宁波选出。

叶芽紫红色。叶姿斜立，宽0.8～1.0厘米，长30～35厘米，叶柄紧细，叶梢尖长，叶幅阔，叶沟深，呈"V"形，叶质厚糯，叶色浓绿富光泽。

花苞绿底，缀紫筋，锋尖绿沙晕浓，子房苞衣全绿彩。花葶细圆高挺，高约15厘米。外三瓣长脚圆头、有尖锋、紧边、质厚，副瓣拱抱，一字肩。挖耳捧，圆整光洁。小圆舌，朱点鲜艳。五瓣均有明显筋纹，花色翠绿，花品秀逸，故名。

老兰家说

莫把逸品充方字

逸品流传较多，而真正的方字至今未见，于是有人就用逸品冒充方字，其实，二者区别很大：逸品是水仙瓣，方字是梅瓣；逸品是挖耳捧，方字是蚕蛾捧；逸品是小圆舌，方字是如意舌；逸品瓣面筋纹清晰，方字瓣面筋纹不明显。目前市场上流传的方字都是逸品，真正的方字至今未见露面。

● 《兰花》（沈渊如、沈荫椿）一书中的方字

②	③
①	④

① 逸品株型
② 逸品叶芽
③ 逸品花苞
④ 逸品花朵（叶建华摄）

西子（文品）

春兰水仙瓣。民国时出于杭州，以西湖别名命名。

新芽淡紫，芽尖有白头。叶姿半垂，叶宽1～1.2厘米，长25～30厘米，叶质厚，叶柄紧收，叶梢短钝，叶沟平坦，有行龙，叶缘微有隐白线。叶形曲线优美，叶色翠绿。

花苞下半部银红色，上半部绿沙晕浓重，子房苞衣全绿彩，周边镶白边。花葶浅紫色，顶节淡绿，花葶细圆，高约15厘米。外三瓣拱抱展绽，长脚细收，瓣端圆而有锋尖，紧边如勺，瓣质厚糯，周边镶有白镶边，副瓣平肩。分窠半硬蚕蛾捧，捧兜白头明显。圆舌放宕，舌上有平行的两个朱点，色彩鲜艳。西子常开梅形水仙瓣或荷形水仙瓣，花品端正，花容丰满。

 老兰家说　　西子美在何处

　　长期以来，西子价格居高不下，为众多兰友所追求。西子花色翠绿，最主要是三瓣镶有白边，显得十分俏丽，在春兰花艺中花朵绽放后仍镶有白边者唯西子一花。

●｜西子的外瓣镶有白边

③｜②
———
④｜①

①西子株型
②西子叶芽
③西子花苞
④西子花朵（赵爱军摄）

翠一品（小西神）

春兰飘门水仙瓣。1923年之前由浙江杭州吴恩元选出。

新芽鲜紫红色。叶姿半垂，大叶型，边叶宽1～1.2厘米，叶长25～35厘米，叶柄紧收而细长，叶梢尖长，边叶沟槽浅，中心2～3片叶沟槽深，呈"V"形。叶色深绿，富有光泽。株型雄壮，叶形曲线优美。

花苞绿，有深紫筋麻，子房苞衣全绿无筋，并有白边。花葶细圆，顶节梗色淡绿，花葶高20～25厘米，特别高出叶架之上。主瓣大圆头，收根放角，副瓣一字肩，瓣端有缺口，微飘。小蒲扇捧，短圆浅兜。圆舌，微下宕，舌上一颗鲜红大圆点酷似西神梅，而比西神梅更浓艳。花色碧绿滴翠，花品秀美，水仙瓣中精品。

老兰家说　**翠一品的三大特色**

特色一：花葶极细极高，标准的灯草梗；特色二：花形美，瓣端有缺口，微飘；特色三：舌上朱点大，浓艳、诱人。

① 翠一品株型
② 翠一品叶芽
③ 翠一品花苞
④ 翠一品花朵

宜春仙（水仙大富贵）

春兰水仙瓣。民国初年浙江绍兴选出。

新芽紫红色。植株健壮，叶姿垂，叶幅阔，宽0.8～1.2厘米，长30～35厘米，叶尖急收，叶沟浅，呈"U"形，叶质厚而软，叶色浓绿，中心叶略细。

花苞紫红色，缀紫筋。花莛较粗，高约10厘米，低于叶架。外三瓣收根不明显，长脚圆头，略紧边，质厚，副瓣拱抱，一字肩，主瓣中央有红线条。观音捧，

● │ 宜春仙株型

浅兜。大圆舌下宕，"U"形朱点艳丽。花型较大，花色翠绿。长势强健，容易起花。

 老兰家说 　莫把宜春仙认作宋梅、集圆

宜春仙草形粗看颇似宋梅，兰贩在无花时节常用宜春仙冒充宋梅出售，其实仔细观察二者草形还是有区别的：宜春仙株型健壮，宋梅株型要小一些；宜春仙的中心叶略细，宋梅却无此特征。当然，最好的办法是带花购买。

宜春仙和集圆有一个共同的特征：中心叶略细。但宜春仙草形较粗犷些、叶幅宽，而集圆草形较文秀、叶幅较狭些。

● │ 宜春仙（右）、宋梅（左）、集圆（中）的草形对比

● │ 宜春仙叶芽　　　● │ 宜春仙花苞　　　● │ 宜春仙花朵

天禄（天乐）

春兰水仙瓣。民国初年浙江余姚选出。

新芽紫色，有白头。植株健壮，叶姿半垂，叶幅宽阔，宽1.0～1.2厘米，长35～45厘米，叶稍长，叶面平略有浅沟，叶质较厚，叶色深绿。

花苞紫色，缀紫筋。花葶顶上一节为绿色，梗粗而挺拔，但低于叶架。花朵上仰。外三瓣长脚圆头，收根，紧边，瓣肉厚，副瓣拱抱，一字肩。半硬蚕蛾捧，内有红线条。如意舌，倒品字形朱点艳丽。壮草可开双花或梅形水仙瓣，惜色不净绿。长势强健，发芽率高，容易起花。

老兰家说　天禄、宜春仙与庆梅

天禄与宜春仙草形相似，常相混淆，故有人把宜春仙误认作天禄。从日本返销回来的天禄大都是宜春仙。其实，二者区别是很明显的：天禄草形较宜春仙宽，颜色偏淡。天禄花朵要比宜春仙小一些。天禄外三瓣头圆、收根较细，唇瓣为如意舌；宜春仙外三瓣头部稍尖、收根较宽，唇瓣为大圆舌。

天禄与新花庆梅，叶芽、草形非常相似，苞色、花葶、花形也没有什么两样。兰友不要当作两个品种购买。

② ④　① 天禄株型
① ③　② 天禄叶芽
　　　③ 天禄花苞
　　　④ 天禄花朵

（四）素心花

张荷素（大吉祥素、素大富贵）

春兰荷瓣素。清宣统年间浙江绍兴棠棣刘茂成采得。

新芽翠绿色。叶姿半垂，叶柄紧细而长，叶梢尖长，叶幅宽阔，宽1～1.8厘米，长35～45厘米，叶质厚硬，叶缘有齿，叶沟浅，叶幅平坦，叶色深绿有光泽。

花苞翠绿色，绿筋麻。花葶高达12～15厘米，初绽放时，外三瓣短阔，收根放角，花形酷似大富贵。3天后外三瓣伸长，副瓣大落肩。蚌壳捧合抱蕊柱。大圆舌，净白，长而下宕，且卷。花色碧绿，久开花色微泛黄，花型特大，展绽直径达7厘米。壮苗常开双花，是春兰素心中花型最大的品种。

①张荷素株型
②张荷素叶芽
③张荷素花苞
④张荷素花朵（史宗义摄）

老文团素

春兰荷形素，清道光年间江苏苏州周文段选出。

新芽净绿色，芽尖有白头。叶姿半垂，叶宽1～1.2厘米，长25～30厘米，叶柄紧收，叶沟明显，叶质较软，叶色深绿，叶形优美。

花苞淡绿色，有翠绿筋麻。花葶细圆，高出叶架。外三瓣收根放角，瓣阔且紧边，瓣质厚，副瓣一字肩，有时飞肩。捧瓣短阔，剪刀捧。大卷舌净白色。花色淡绿，瓣内有绿线纹。花型较大，是春兰荷形素之名种。

① ④
③ ②
① 老文团素株型
② 老文团素叶芽
③ 老文团素花苞
④ 老文团素花朵

老兰家说　　新、老文团素不一样

在《兰言述略》和《吴兴兰蕙谱》二书中都提及文团素有新、老两品。老文团素又称大雪荷素，新文团素又名文团荷素。二品有显著差异：老文团素的外三瓣较阔，并且紧边，捧瓣短阔，剪刀捧，花色淡绿；新文团素的外三瓣为竹叶瓣，捧瓣不开拆，花色翠绿。

● 新文团素

苍岩素（福荷素）

春兰荷形素。清光绪年间浙江嵊县苍岩镇魏姓培育。

叶芽大，绿色。叶姿直立性强，叶片宽阔且长，长达40厘米，宽1.5～1.8厘米。叶色翠绿有光泽，叶质厚。

花大。初开时外三瓣收根放角，瓣短，宽阔，瓣质厚，副瓣平肩。猫耳捧。大铺舌，纯白。始放花时花葶较矮，后渐渐伸长，高达15～20厘米，但外三瓣也伸长而落肩。传统春兰荷形素心之大花。

老兰家说　苍岩素何以一花多名

苍岩素因在浙江苍岩代代相传，故名。绍兴吴书福从苍岩觅得一盆苍岩素并以福荷素之名参加第二届全国兰展，此花获特别金奖，故福荷素又誉满海内外。因其花品很像已失传的翠荷素，故又称之为新翠荷素。此外，还称其为乌岩素、长乐素、幽谷荷素等。

①苍岩素株型
②苍岩素叶芽
③苍岩素花苞
④苍岩素花朵

玉梅素

春兰赤壳梅瓣桃腮素。清康熙年间在浙江绍兴选出，是流传至今最老的名种之一。

新芽紫色。叶斜立，边叶半垂，细狭叶，叶长约20厘米，叶质厚硬，叶沟呈"V"形，叶缘锯齿细。叶色暗绿，无光泽。

花苞赤红色，锋尖有绿彩，子房苞衣淡绿色。花葶微紫红色，高6～8厘米。花朵展绽直径3.5厘米左右。外三瓣长脚圆头，收根，瓣端紧边，两片副瓣微落。短圆捧，浅兜，捧端有白边。短圆白舌，似有微缺，舌瓣净白，腮部有微红，即桃腮素。

| ① | ④ | ① 玉梅素株型 |
| ② | ③ | ② 玉梅素叶芽 |

① 玉梅素株型
② 玉梅素叶芽
③ 玉梅素花苞
④ 玉梅素花朵

杨氏荷素

春兰荷形素心花。1920年浙江宁波杨祖仁选育。

新芽白绿色。叶姿半立，宽0.6～1.0厘米，长20厘米左右，叶柄紧细而短，叶质厚硬，叶缘有齿，边缘向内微卷，叶尖钝，叶色翠绿有光泽。

花苞淡绿色，较圆整，绿筋麻。花葶高仅6厘米左右。花初放时外三瓣长卵形，收根，缓放角，久开外三瓣略伸长，副瓣微落肩。蚌壳捧，兜较浅。白大圆舌，下宕且卷。花型中等，花色翠绿，是春兰荷素名种。

老兰家说　杨氏荷素和杨氏素荷是同一品种吗

有人认为，杨氏荷素是荷形的素心花，而杨氏素荷是素心的荷瓣花，二者是不同的品种；也有人认为，杨氏荷素和杨氏素荷是同一品种，仅仅是称谓不同而已。其实，至今人们见到的杨氏荷素和杨氏素荷都是同一品种。

①杨氏荷素株型
②杨氏荷素叶芽
③杨氏荷素花苞
④杨氏荷素花朵

（五）蝶花

簪蝶

春兰外蝶。产地及选育时间不详。

新芽绿白色，有紫红彩。叶姿斜立或斜披，宽0.8～1.0厘米，长40厘米左右，叶沟深，呈"V"形，叶梢尖长，叶质厚硬，叶缘齿粗，叶色深绿有光泽。

花苞绿底，有紫筋，沙晕鲜丽。花葶高，常开双花。外三瓣宽大有紫红筋纹，副瓣下幅蝶化，瓣端向后反卷，主瓣挺直。猫耳捧上有深紫色筋纹，大铺舌，下垂反卷，花色稍暗。

老兰家说 **簪蝶和舞蝶不是一个品种**

簪蝶存量较多，人们可以经常看到它的花容，可舞蝶难得一见，于是有人就误以为簪蝶就是舞蝶。其实，二者区别是很大的：簪蝶的花大落肩，花的底色要绿一点，瓣上紫筋颜色要深一点；舞蝶花的肩略平一点，花的底色偏黄一点，瓣上筋纹不明显。

● 簪蝶（左）和舞蝶（右）对比

① 簪蝶株型
② 簪蝶叶芽
③ 簪蝶花苞
④ 簪蝶花朵

②	③
①	④

鼋蝶（冠蝶）

春兰外蝶。江苏无锡沈渊如选出，原名冠蝶，无锡鼋头渚公园引种栽培后命名鼋蝶。

新芽淡绿色。叶姿半垂，叶柄紧收。叶梢短，叶缘两边向内微卷，叶沟不深，叶色绿、无光泽，叶质厚糯，叶梢部两侧锯齿较粗。

花苞翠绿有紫筋麻，尖部空头，子房苞衣有绿彩。花葶淡紫红，顶上一节转绿，高8厘米左右，齐叶架。外三瓣短圆，质厚糯，主瓣抱盖在捧瓣上，副瓣下幅蝶化，蝶化部分占瓣幅的1/2以上，一字肩，瓣端向后飞卷。花开1周后两片副瓣向后卷紧，花型渐缩小，10天后花色微转老。蚌壳捧合抱蕊柱。大圆舌下宕，微卷，舌上朱点与捧瓣蝶化部位上的朱点对称。花色翠绿，花容丰富，花品端正，是传统春兰蝶花中的佼佼者。

④ | ①　①鼋蝶株型
③ | ②　②鼋蝶叶芽
　　　　　③鼋蝶花苞
　　　　　④鼋蝶花朵

珍蝶

春兰外蝶。1925年浙江绍兴曹炳卿选育。

新芽紫红色，叶背有红条纹，芽尖有白锋。叶姿斜立，叶宽0.6～1.0厘米，长20～25厘米，叶面有"V"形沟，叶柄紧收，叶脉粗，叶色翠绿泛黄，叶质较软。

花苞紫红色，苞尖有白锋。花葶短，高6～8厘米。花小。外三瓣短圆，呈荷形，主瓣和捧瓣紧盖在蕊柱上，副瓣下幅2/3蝶化，一字肩，开足后瓣端向后飞卷。蚌壳捧合抱蕊柱。

大圆舌，舌上朱点艳丽，呈倒品字形。花形圆整端正，是春兰传统外蝶花中花品最佳者。美中不足是花小，与草形不相称。

老兰家说 **珍蝶和小蝴蝶是同一个品种**

20世纪八九十年代出版的几本兰书，将珍蝶和小蝴蝶分别单列为两个品种，多年来，无论是兰园里、兰展上，还是兰花网站上，均未见有不同于珍蝶的小蝴蝶，目前大家比较一致的观点是：珍蝶和小蝴蝶是同一个品种。

老兰家说 **春兰外蝶中著名的"三大名花"**

珍蝶、鼋蝶、蝴蝶龙是春兰外蝶的"三大名花"，它们各有千秋：珍蝶花虽小巧，但蝶形最标准，惜色不净绿；鼋蝶，花色翠绿，花品端正，惜花形不如珍蝶标准；蝴蝶龙花朵最大，花品端正，惜色不净绿。

●│蝴蝶龙

●│珍蝶叶芽　　　　　●│珍蝶花苞　　　　　│珍蝶花朵

四喜蝶

春兰蕊蝶。民国初年选出，产地及选育者不明。

叶芽粉赤色。叶姿半垂，叶梢尖长，叶沟深呈"V"形，叶幅中部、平行等宽，叶色浓绿有光泽，叶质厚硬刚强，叶缘齿粗。叶宽0.8～1厘米，长25～35厘米。

花苞绿底，缀紫筋纹。花葶红色，最上一节转绿，高8～10厘米。花朵外轮4片形似普通兰花，开花最佳时内轮有4片舌瓣，捧瓣也有蝶化现象，瓣背部有红筋，唇瓣根部有大块红斑，蕊柱变成小舌瓣。花形变化较大，弱草有时开三舌或二舌，甚至普通行花。

①四喜蝶株型
②四喜蝶叶芽
③四喜蝶花苞
④四喜蝶花朵

梁溪蕊蝶

春兰蕊蝶。产地及选育时间不详。

新芽淡紫，尖部深紫色。叶姿半垂，叶柄细收，叶梢尖长，叶尖有米粒大小的白锋。叶幅中等，宽0.6～0.8厘米，长20～25厘米，叶缘有锯齿。每株叶达5片时，中心叶有叶蝶，十分亮丽。

外三瓣狭长，为普通兰花之花瓣，色不净绿，有紫红纹。捧心俏丽，捧瓣翻开呈猫耳状，周边呈白色，有红筋和紫红色块，捧瓣根部无蝶化裂片与褶带，因未全部蝶化，捧瓣翻而不卷，俗称"猫耳花捧"，别具一格。长舌下宕而反卷。

老兰家说　　梁溪蕊蝶的"双蝶"

　　梁溪蕊蝶是江浙春兰中最早开发的双艺蝶花。一是叶艺，即叶片蝶化，兰株的叶达5片时，中心叶必有叶蝶，十分亮丽；二是花艺，猫耳捧翻开，周边有舌化白边,翻而不卷，非常神气。

① 梁溪蕊蝶株型
② 梁溪蕊蝶叶芽
③ 梁溪蕊蝶花苞
④ 梁溪蕊蝶花朵
⑤ 梁溪蕊蝶叶蝶（清馨兰苑摄）

②③ ⑤
———
① ④

（六）奇花

绿云

春兰荷瓣奇花。清同治年间，浙江陈氏采于杭州五云山后大清里。

新芽碧绿如玉，微有红晕，萌生较晚，一般在6月中下旬。叶姿斜立，成株叶形短阔、厚壮，边叶扭曲，叶长15～20厘米，宽1厘米左右。叶梢钝圆、呈梭镖状，脚壳短圆，紧抱叶柄，叶色浓绿富有光泽，叶沟深，多数呈"U"形，叶脉极细，白而透亮，叶缘锯齿细密。

花苞淡红色，锋尖有沙晕，花蕾形体浑圆端正。花葶高约8厘米，梗色淡紫，顶节花葶淡绿色。外瓣短圆，收根放角，紧边，质糯，花色为湖绿色。蚌壳捧，内侧有左右对称的3条紫红纹。大刘海舌放宕，舌上有"U"形朱点。最佳时开双花，最多时花瓣可达10片，有时开双舌、三舌，有时也会开一般荷瓣花。绿云喜肥耐阴，植株寿命长。为春兰荷瓣奇花珍品，被誉为"春兰皇后"。

●｜绿云株型

●｜绿云株型（艺）

老兰家说　　**怎样区分环球荷鼎和绿云的草形**

绿云的草和环球荷鼎的草有相似之处，绿云的价格是环球荷鼎的3倍以上，因而不法兰贩常以环球荷鼎冒充绿云，其实二者草形差别还是很大的：环球荷鼎的草直立性强，绿云的草要稍垂一点；绿云的草有扭曲叶，环球荷鼎的草没有扭曲叶；绿云的草叶色翠绿，环球荷鼎的草叶色深绿；绿云的草叶尖钝、收尖急，环球荷鼎的草叶尖要稍长；绿云的草叶中脉两侧对称，环球荷鼎的草叶中脉两侧一边宽一边窄、不对称。

●｜绿云叶芽　　　　●｜绿云花苞　　　　●｜绿云（叶建华摄）　　　●｜绿云（艺）

余蝴蝶

春兰菊花瓣。民国年间日本人从中国下山兰中发现。

新芽早期呈白绿色，后期呈淡绿色。叶姿半垂，叶宽0.6～1厘米，长25～35厘米，叶梢尖长，叶柄紧收、呈"V"形，叶幅中段平行等宽，叶沟较浅，边缘微向内卷，叶色黄绿有光泽。

花苞白绿色，带紫晕，紫红筋麻条条通顶。花葶淡绿色，略圆粗，高10～12厘米。花瓣多达20余片，无蕊柱，无捧瓣，花的内轮着生许多细小的花瓣，瓣端呈淡黄色。外轮花瓣有蝶化现象，花色翠绿带黄，红斑少，常开一葶双花或1葶3花。花型大，花瓣多得无法数清。每次开花均有变化，有时亦会开玉树状菊花瓣蝴蝶。属无蕊柱多瓣奇种。

① 余蝴蝶株型
② 余蝴蝶叶芽
③ 余蝴蝶花苞
④ 余蝴蝶花朵

 老兰家说　　**余蝴蝶——菊花瓣花的"当家花旦"**

余蝴蝶是江浙春兰中开发最早的菊花瓣花，如今仍是江浙春兰菊花瓣花的"领军人物"，至今发现的新菊花瓣花未有出其右者。纵观兰博会的菊花瓣花，仍是余蝴蝶唱主角，即使是菊花瓣科技草，无一不是以余蝴蝶作父母本杂交而来，无愧菊花瓣花"当家花旦"的美誉。

二、蕙兰老种

（一）绿壳花

朵云

绿蕙皱角波形梅瓣。民国年间由江苏无锡蒋姓艺兰家选出，后归沈渊如培植。

新芽翠绿色，芽尖有白锋。叶姿斜立，叶幅中等，宽0.8～1厘米，叶长40～50厘米，叶色翠绿，叶缘锯齿细密。

花苞白绿色，绿筋到顶。花葶翠绿色，高出叶架，着花7～12朵。小花蕾头形为皱角门，石榴头。外三瓣短阔，呈等边三角形排列，收根放角，反翘呈波状。五瓣分窠，捧瓣短圆宽阔，周围有黄白绿色，似猫耳向上翻，捧瓣雄性化表现为中部有一黄色突出物，俗称"乳凸"。大刘海舌，微卷，舌端有微缺口，舌苔底色浅绿，上缀鲜明的红色斑块。花色翠绿，花型大，整朵花对称舒展，曲线自然，飘逸若云，幽香四溢，是绿蕙皱角飘门梅瓣珍稀品种。

 老兰家说 **为什么称朵云瓣形为皱角波形梅瓣**

　　沈渊如称朵云瓣形为皱角梅瓣，是波瓣凸捧格式。称其"皱角"，是因为其小花蕾头形属皱角门；称其"波形"，是指其外三瓣武皱，即外瓣呈波浪状态，捧瓣呈翻飞状；称其"梅瓣"，是因为其外三瓣宽阔似梅瓣花。

③ ｜ ②
―――――――
④ ｜ ①

①朵云株型
②朵云叶芽
③朵云花苞
④朵云花朵

蜂巧梅（老蜂巧）

绿蕙。清康熙六年产于浙江富阳山中,相传康熙皇帝命名。

新芽浅绿色,锋尖乳白色。叶姿半垂,叶脉明亮,叶宽约1厘米,长40～45厘米,叶边缘有浅锯齿,向内卷,横断面呈"V"形。叶色深绿,叶质厚硬。

花苞绿壳,有绿脉纹。绿色花葶高,着花不多,通常7～8朵,花朵间距疏朗。小花蕾头形为皱角门,石榴头。外三瓣微飘,瓣端放角,根部细收,瓣形圆而呈菱形,捧瓣向外翻,俗称猫耳捧,捧端有白边。方缺舌,舌上有朱点。中等花型,外三瓣虽微飘,但配以猫耳捧,花姿极佳。花色翠绿俏丽,久开花形不变。为绿蕙梅中珍品,流传极少。

老兰家说　众说纷纭的蜂巧梅

蜂巧梅长期以来被蒙上了一层神秘的面纱,众说纷纭,莫衷一是。目前被称作蜂巧梅的有下列几种:陈学祥先生的蜂巧梅、《兰花》（沈渊如等）上所载的蜂巧梅、顾树榮留给殷继山的蜂巧梅彩照、丁贻庆的蜂巧梅、《兰花谱》上所载的蜂巧梅。究竟哪一个是正宗的蜂巧梅?尚待进一步认定。

```
①│③
②│④⑤
```

① 《兰花》书上所载的蜂巧梅
② 毓秀兰苑的蜂巧梅
③ 丁贻庆的蜂巧梅
④ 顾树榮留给殷继山的蜂巧梅彩照
⑤ 陈学祥的蜂巧梅

大一品

绿蕙荷形水仙瓣。清嘉庆初年产于浙江富阳山中，由嘉善县胡少梅选育。

新芽绿色。叶姿环垂，叶幅平阔，宽1.5厘米左右，长50～60厘米，叶色翠绿。株型雄伟。

花苞浅绿有绿筋脉，沙晕极佳，头形圆整，苞片紧抱。花葶为灯草梗，淡绿色，高出叶面，着花9～12朵。小花蕾头形为巧种门，大平切。花型极大，展绽直径达7～8厘米。五瓣分窠，外三瓣呈荷形，收根放角，紧边。副瓣初开为平肩，数天后为飞肩，瓣质糯润。软蚕蛾捧，光洁圆整。大如意舌，略下宕，绿苔上缀淡朱点。花朵为黄绿色，花形端正宽大，有士大夫气概，为绿蕙中荷形水仙瓣之冠。被列为蕙兰"老八种"之首。

②｜①
④｜③

①大一品株型
②大一品叶芽
③大一品花苞
④大一品花朵（吴立方摄）

 老兰家说　　**现有叠翠均为大一品**

历史上曾有蕙兰绿蕙精品叠翠流传，但至今未见有真正的叠翠露面，目前所见的叠翠全是大一品，即使看上去有差异，也仅是大一品的不同开品而已。

上海梅（老上海梅）

绿蕙梅瓣。清嘉庆年间，由上海李良宾选育。

新芽翠绿色，芽尖有白点。叶姿半垂，叶架高，叶幅宽约1厘米，长45～55厘米，叶缘内裹呈"U"形，叶色翠绿有光泽。

花苞浅翠绿色，锋尖有白头。花葶细，高45厘米，出叶架，着花5～8朵，小花柄翠绿。小花蕾头形为巧种门，大平切。外三瓣长脚、圆头、细收根，瓣质厚，副瓣初开紧边、平肩，数天后平边、飞肩。捧瓣为半合捧，合抱蕊柱。小如意舌，穿腮，舌尖起兜，两侧内卷，舌上红斑鲜艳。花型中等，展绽直径约3.5厘米。花色嫩绿、花品端正、骨力极佳、神韵极好。为蕙兰"老八种"之一。

老兰家说　如何区分上海梅和仙绿

　　上海梅和仙绿，叶形一模一样，无法区分，因此不法兰商就用仙绿冒充上海梅。笔者买了几次的上海梅都是仙绿，历经多次挫折才弄到了真正的原生种上海梅。上海梅和仙绿的叶形几乎一样，区分它们必须看花，主要区别有三点：一是捧，上海梅是半合捧，捧瓣较小；仙绿是羊角捧，又长又大。二是舌，上海梅是小如意舌，舌尖起兜不下宕；仙绿是长尖舌，舌尖下挂。三是腮，上海梅腮部可让牙签从中穿过，称为穿腮如意舌，仙绿无此特征。仙绿在干开的情况下舌也可能不下挂，并且出现穿腮现象，但羊角捧特征不变。

　　特别要指出的是：返销的上海梅大多是仙绿，即使有上海梅，但也不时会开出仙绿的花品来。有时甚至一箭花上既有仙绿，也有上海梅，两种花品同时存在。

① 上海梅株型
② 上海梅叶芽
③ 上海梅花苞
④ 上海梅花朵

潘绿梅（宜兴梅）

绿蕙梅瓣。清乾隆年间，由江苏宜兴潘姓艺兰者选育。

新芽翠绿色，芽尖有白边。叶姿斜披，叶宽1.2厘米左右，长50～60厘米，叶缘锯齿细，叶质厚硬，有光泽。

花苞翠绿色。花葶细而高挺，高出叶架，着花6～9朵，小花柄翠绿，较长，花朵间距疏朗。小花蕾头形为巧种门，蜈蚣钳。外三瓣长脚圆头，瓣端有尖锋，有时也缺角如黄杨叶，副瓣肩平。花色翠绿。捧心硬，分头合背，两片捧瓣常与鼻头粘连在一起。小如意舌，紧缩捧下。为蕙兰"老八种"之一。

①潘绿梅株型
②潘绿梅叶芽
③潘绿梅花苞
④潘绿梅花朵

老兰家说　　**莫把潘绿梅当庆华梅**

蕙兰庆华梅国内流传甚少，不法兰贩以潘绿梅冒充庆华梅，蒙骗了很多人。直到2005年江苏省第二届蕙兰展在无锡梅园举办时，宜兴兰友送展的"庆华梅"居然和江南兰苑送展的老种潘绿梅一模一样，人们这才恍然大悟。其实，潘绿梅和庆华梅的区别是很明显的。首先，从外瓣看，潘绿梅是长脚圆头，瓣端有尖锋，有时也缺角如黄杨叶；庆华梅是短脚圆头，主瓣上扬前倾，呈遮阳状。其次，从捧瓣看，潘绿梅捧心硬，分头合背；庆华梅是分窠软蚕蛾捧。再次，从唇瓣看，潘绿梅是小如意舌，紧缩捧下；庆华梅是大如意舌下宕而不卷。

仙绿（后上海梅、宜兴新梅）

绿蕙水仙瓣。民国初年江苏宜兴艺兰者选出。

新芽浅绿色，芽尖有白点。叶姿半垂，叶架高，叶梢略弯，叶幅宽约1厘米，长40～50厘米，叶缘内裹，叶色翠绿。叶形与上海梅相似。

花苞浅绿色，苞尖有白点。花葶细，高约40厘米，出叶架，白绿色，着花9～11朵。小花蕾头形为皱角门，瓜子口。小花柄长，排列疏朗。外三瓣长脚圆头，微兜，副瓣平肩。羊角捧是此品种的特征。长尖舌下挂，舌上缀满紫红点，舌缘镶白边。花色翠绿微泛黄。通常开水仙瓣，壮草能开梅形水仙瓣。

① ④
② ③

① 仙绿株型
② 仙绿叶芽
③ 仙绿花苞
④ 仙绿花朵（叶军然摄）

老兰家说　**警惕仙绿冒充其他老种名品**

仙绿存世量较大，价格便宜，于是不法兰贩就用仙绿冒充其他老种名品，最常见的是冒充上海梅，也有不法兰商用其冒充庆华梅、楼梅、刘梅、荡字等。2008年笔者在扬州瘦西湖参展的一盆仙绿，被一兰贩以200元一苗的价格买去，转眼他冒充上海梅卖了8000元一苗。

荡字（小塘字仙）

绿蕙荷形水仙瓣。清道光年间，由江苏苏州荡口镇花船上售出。

叶芽白绿色。叶姿半垂，叶缘向内裹呈"U"形。中狭叶，宽0.8厘米，长40～50厘米，叶色深绿有光泽，叶姿曲线和叶色均较优美。

花苞浅白绿色。花葶浅绿色，细圆，高出叶面，着花8～9朵。小花蕾头形为巧种门，小平切。花朵较小，展绽直径仅3～3.5厘米。外三瓣呈竹叶瓣荷形、稍狭、紧边、收根放角，瓣质厚，副瓣一字肩。蚕蛾捧，五瓣分窠，捧心相对，光洁圆正。唇瓣为如意舌，舌面有鲜艳朱点。花色翠绿娇嫩，花虽小但久开不变形，为典型的小荷形水仙瓣名品。为蕙兰"老八种"之一。

老兰家说　　警惕兰贩将仙绿冒充荡字

返销草荡字大多由仙绿冒充，因为这两个品种价格相差很大，并且都是绿蕙，叶芽、花苞都十分相似。但仔细观察二者草形还是有区别的：荡字的草叶姿斜立，叶幅较狭，叶色深绿，叶质较硬；而仙绿的草叶姿半垂，叶幅较宽，叶色翠绿，叶质稍软。二者花形区别也很明显：荡字小花蕾头形是巧种门，小平切；仙绿是皱角门，瓜子口。荡字花形是小荷形，花型小，蚕蛾捧，如意舌不下挂；仙绿是水仙瓣，花型较大，羊角捧，长尖舌下挂而后卷。

③	②
④	①

①荡字株型
②荡字叶芽
③荡字花苞
④荡字花朵（吴立方摄）

老极品

绿蕙梅瓣。清光绪年间由浙江杭州公诚花园冯长金选出。

新芽淡绿色，有白尖。叶姿斜立，宽0.8～1.2厘米，叶长45～55厘米，叶脉粗硬强壮，叶面微裹，中部至叶尾平展，叶质厚硬，叶色深绿有光泽。

花苞浅绿色，苞片短阔，花苞出土仅3～4厘米时苞内小花蕾就露头。花葶浅绿色，粗壮挺拔，高40～50厘米，着花多达10～14朵，花朵间距较挤。小花蕾头形为巧种门，蜈蚣钳。外三瓣头圆，瓣沿紧边，根部瓣边向后翻，拱抱绽放，瓣质厚，副瓣平肩。分窠半硬捧兜，有时也合背，捧色乳黄。龙吞舌，不下宕，舌上朱点鲜明。花色淡翠绿，花守极佳。绿蕙梅中的上品，是蕙兰"新八种"之一。

① 老极品株型
② 老极品叶芽
③ 老极品花苞
④ 老极品花朵

老兰家说 要保护好老极品的花蕾

老极品有个显著特点，花苞出土后不久，花苞尖端就开裂，露出小花蕾。在浇水、施肥或喷药时要特别注意，不要让水进入花蕾，以免引起花苞腐烂。

楼梅（留梅）

绿蕙滑口荷形水仙瓣。清光绪年间,由浙江绍兴楼姓爱兰者选出。

叶芽浅绿色。叶姿半垂,宽0.8～1厘米,长50～55厘米。叶质刚柔适度,叶缘有细锯齿,叶色翠绿有光泽。

花苞白绿色。花葶细长,高出叶架, 着花6～9朵,小花柄长,花朵间距疏朗。小花蕾头形为巧种门,小平切。外三瓣阔大,收根细,瓣质厚糯,副瓣平肩。软蚕蛾捧,分窠浅兜。大圆铺舌,开久略卷,舌上缀满艳丽的朱点。花色翠绿,花形丰满,气韵极佳,久开不变形,可与大一品媲美。为绿蕙滑口荷形水仙瓣之冠,是蕙兰"新八种"之一。

老兰家说　　　"滑口"开品变化大

凡"滑口"开品变化都很大。很难看到楼梅开完美的荷形水仙瓣,开品较差时接近行花,这就是我们在兰博会很少见到楼梅的真实原因。2008年有兰友携楼梅赴扬州参展,因花品近似行花而未上展台。

① 楼梅株型
② 楼梅叶芽
③ 楼梅花苞 （叶军然摄）
④ 楼梅花朵 （叶军然摄）

庆华梅

绿蕙梅瓣。1912年春浙江绍兴车庆得于华兴旅馆。

新芽淡绿色，芽尖有白点。叶姿斜立，叶宽0.8～1厘米，叶长40～50厘米，叶面呈"V"形，叶质厚硬，锯齿明显，叶色翠绿有光泽。

花苞浅白绿色。花葶色绿白，细圆高挺，为标准的绿白灯草梗，高50厘米，着花6～8朵，花朵间距疏朗，小花柄长。小花蕾头形为巧种门，蜈蚣钳。外三瓣短脚圆头，主瓣上扬前倾，呈遮阳状，副瓣一字肩或略带飞肩。中型花，展绽直径4～4.5厘米，紧边，厚糯，拱抱绽放。分窠软蚕蛾捧心，端正圆洁，捧兜白头色净，大如意舌下宕而不卷，兜内朱点鲜丽。花色淡翠绿，香气袭人，久开不变形。绿蕙梅中数一数二之精品，为蕙兰"新八种"之一。

① 庆华梅株型
② 庆华梅叶芽
③ 庆华梅花苞
④ 庆华梅花朵

翠萼（绿蜂巧）

绿蕙梅瓣。民国初年江苏无锡荣文卿选出。

新芽浅绿，芽尖有白锋。叶姿半垂，叶幅中细，宽0.6～0.8厘米，长35～45厘米，叶质厚硬，锯齿细，浓绿色。

花苞翠绿色，有白头。花葶高出叶架，一般着花7朵，小花柄有时不转茎。小花蕾头形为癃放门，油灰块。花朵较小，外三瓣小圆头，副瓣尖微向后飘，瓣沿紧边，瓣肉厚，副瓣平肩。分窠硬捧，捧头乳黄，鼻头外露。小如意舌。常癃放。花色翠绿，是一种小巧玲珑之绿蕙飘门，为蕙兰"新八种"之一。

①翠萼株型
②翠萼叶芽
③翠萼花苞
④翠萼花朵

 **老兰家说** **绿蜂巧和翠萼是同一个品种**

20世纪90年代从日本返销回来绿蜂巧，此花一时声名鹊起，价格颇高。不料，2005年江苏省第二届蕙兰展在无锡梅园举办时，复花的返销草绿蜂巧和大陆原生种翠萼不期而遇，二者竟是一个东西。

（二）赤壳花

程梅（程字梅）

赤蕙梅瓣。清乾隆时，由江苏常熟程姓医师选育。

新芽浅绿，芽尖有紫红彩。植株雄伟，叶姿半垂，叶幅宽阔，超过1.5厘米，叶长50厘米，叶缘微向内裹，呈浅"U"形，叶缘锯齿粗，叶脉明亮细润。叶质厚糯，叶色深绿有光泽。

花苞为麻红壳，有红筋，又圆又大。花葶粗，俗称木梗，色绿有红晕，花葶出架，高达55厘米，通常着花7～9朵，小花柄紫红色。小花蕾头形为巧种门，蜈蚣钳。外三瓣短圆，阔大，紧边，质厚，花色绿，瓣根有粉红晕，副瓣平肩。半硬蚕蛾棒，通常分头合背，壮草开花也能分窠。龙吞舌，舌尖上翘，略放宕，绿苔舌上有紫红点。程梅气势雄伟，是赤蕙梅瓣的杰出代表，被誉为"赤蕙之王"，为蕙兰"老八种"之一。

老兰家说　　养程梅的误区

程梅是一个比较难养的品种，容易焦尖缩叶。兰书上说程梅"喜阳耐肥"，往往被误认为"喜阳光、耐施肥"而导致管理不当，以致焦尖缩叶。其实，准确的理解应该是"喜柔光多照，耐薄肥勤施"。

②｜③　①程梅株型
①｜④　②程梅叶芽
　　　　③程梅花苞
　　　　④程梅花朵

关顶（万和梅）

赤蕙梅瓣。清乾隆时，由江苏苏州浒关万和酒店选出。

新芽绿底有红丝纹，芽尖紫。叶姿半垂，株型雄伟，宽1～1.3厘米，长45～55厘米，属大叶型，叶脉较粗，叶色浓绿，叶质硬。

花苞绿底缀紫红筋麻。花葶绿底红晕，出架，高达50厘米左右，着花8～10朵，赤梗赤花，俗称"关老爷"。小花蕾头形为巧种门，蜈蚣钳。外三瓣短圆，宽大，紧边，厚糯，副瓣平肩。捧瓣为分窠豆荚捧。大圆舌，绿苔舌，上缀紫红点块。被认为是蕙花梅门精品，为蕙兰"老八种"之一。

①关顶株型
②关顶叶芽
③关顶花苞
④关顶花朵

老兰家说　　绿关顶是咋回事

关顶，著名的赤梗赤花，俗称"关老爷"。但常见有绿关顶出现，花色较淡，台湾卜金震编著的《中国兰花》一书中称之为翠梅、又名绿关顶，在宜兴、扬州等地兰展中，亦有绿关顶出现并获得大奖。其实，关顶在放花中有赤、绿颜色之差异也是很常见的，《兰蕙同心录》也称："能于阴处复花，似能绿些。"笔者一盆关顶中就曾出现过"一赤一绿"两个花苞，因而千万不要因颜色的差异而认定是不同的品种。

元字（南阳梅）

赤蕙水仙瓣。清道光年间，由江苏苏州浒关爱兰者选出。

新芽紫绿色。叶姿斜垂，株型雄伟而优美。叶幅宽1.2厘米左右，长55～60厘米，叶缘有锯齿，叶色翠绿。出芽率较低，但易开花。

花苞绿底有紫筋纹，锋尖有紫红彩。花葶高达60厘米左右，着花不多，通常5～7朵，花朵间距疏朗，小花柄淡紫红色。小花蕾头形为巧种门，大平切。外三瓣长脚圆头，紧边，瓣质厚，副瓣平肩。分窠半硬蚕蛾捧，捧瓣根部有淡紫粉色红晕，头部白边明显，捧瓣前端有一指形叉，是其特征。执圭舌，舌苔浅绿色，舌瓣上朱点呈块状，色彩鲜艳。花型大，展绽直径可达6～7厘米。花色翠绿泛粉红，清香馥郁，十分俏丽，风韵极佳。是赤蕙水仙瓣中精品，为蕙兰"老八种"之一。

 老兰家说　元字和南阳梅是同一个品种

　　蕙兰元字，清道光年间选出，国内有原生种。上世纪90年代，蕙兰南阳梅从日本返销我国，笔者引种的南阳梅复花后参加江苏（无锡）第二届蕙兰博览会曾获得金奖。经众多兰家认定南阳梅与元字是同一个品种。

① 元字株型
② 元字叶芽
③ 元字花苞
④ 元字花朵

老染字（阮字、染字梅）

赤蕙梅瓣。清道光年间，由浙江嘉善阮姓染坊选出。

新芽翠绿色，锋尖有红彩。叶宽而短，宽0.8～1.2厘米，长40～50厘米，每株叶片较多，可达10片左右，叶质厚，叶面呈"U"形，边缘锯齿明显，叶色翠绿。

花苞绿底，缀紫筋纹，苞壳镶白边。花葶赤色细长，高50厘米左右，出叶架，着花7～13朵。小花蕾头形为巧种门，蜈蚣钳。外三瓣短而窄、紧边，兜深、瓣质厚，副瓣一字肩。观音捧，捧瓣分窠，有深兜。唇瓣为如意舌，有时舌尖上翘，常向左偏，故又称"秤钩老染字"。花色黄绿泛赤，花色偏暗，但筋骨好，久开不变形。是蕙兰"老八种"之一。

①老染字株型
②老染字叶芽
③老染字花苞
④老染字花朵

 **老兰家说　　老染字有什么特点**

老染字特点有三：一是株型矮壮，叶宽而短，叶片可多达10片左右，为其他品种所不及；二是花赤色，外三瓣短而窄，紧边，兜深、瓣质厚；三是舌尖上翘，常向左偏，似秤钩，此为其显著特点。

长寿梅（寿梅）

赤蕙梅形水仙瓣。1918年浙江绍兴王六九发现。

新芽绿色，芽头有红彩。叶姿斜出，叶梢弯垂，叶宽0.8～1.0厘米，长35～45厘米，呈"V"形，叶脉明显，叶质厚硬，叶色翠绿有光泽。

花苞浅绿色。花葶细，高出架，色翠绿，着花6～12朵，小花柄暗紫色。小花蕾头形为巧种门，蜈蚣钳。中大型花，外三瓣长脚，大圆头，瓣端略紧边，开久易后翻，副瓣一字肩。深兜软蚕蛾捧，捧端无白头，捧背有红筋纹，舌根深抱捧瓣内。如意舌，长而放宕，舌端微卷，朱点淡。花形雄伟，花色黄绿稍暗。

① 长寿梅株型
② 长寿梅叶芽
③ 长寿梅花苞
④ 长寿梅花朵

老兰家说　　**莫把长寿梅当适圆**

长寿梅发芽率高、长势强、存量大，适圆则十分稀少，因而常有兰贩将长寿梅当作适圆。时下市场上流传的适圆有90%是长寿梅。也有兰贩将长寿梅冒充端蕙梅。

适圆（敌圆）

赤蕙梅瓣。清道光时浙江嘉善阮姓艺兰者选出。

新芽绿色，尖有紫红彩。叶姿半垂，叶宽1厘米左右，长35～45厘米，叶质厚，叶缘锯齿粗，叶梢极短，叶色翠绿。

花苞绿底有紫筋，锋尖带紫红。花葶细高，梗色微带赤，着花7～9朵，小花柄紫红色。小花蕾头形为巧种门，蜈蚣钳。外三瓣短圆头带尖锋，瓣质厚，紧边，副瓣一字肩。半硬捧，圆整，分窠而不开拆。尖狭如意舌，舌上有红斑。花色绿带微红，花守好。

老兰家说　　**适圆和长寿梅有什么区别**

　　适圆和长寿梅二者差别很大，从外三瓣看：适圆的外三瓣短圆头带尖锋，瓣质厚，紧边；长寿梅的外三瓣长脚，大圆头，瓣质薄，久开易后翻。从捧瓣看：适圆是半硬捧，长寿梅是深兜软蚕蛾捧。从唇瓣看，适圆是尖狭如意舌；长寿梅是如意舌，长而放宕。

③ ｜ ②
─────
④ ｜ ①

①适圆株型
②适圆叶芽
③适圆花苞
④适圆花朵

（三）赤转绿壳花

端梅

赤蕙梅瓣。1913年发现，浙江杭州虞长寿选出。

叶芽绿色。叶姿半垂，叶片2/3以上处才开始半垂。叶片宽1.0厘米左右，长50～60厘米，叶脉细而白亮，有"U"形沟，叶质厚硬，叶色深绿。

花苞浅绿，尖有紫红彩。花葶绿色，有微紫红晕，着花9～13朵，稍挤，小花柄淡紫色。小花蕾头形为巧种门，蜈蚣钳。外三瓣头圆，收根放角，紧边，瓣端增厚，副瓣平肩。半硬蚕蛾捧，分窠或合背，捧端圆且光洁。如意舌，圆大，舌上朱点呈块状，颜色鲜明。花形端正，花色翠绿。目前流传极少，为蕙兰"新八种"之一。

老兰家说　　**端梅和崔梅有什么区别**

　　端梅存世量极稀少，于是有兰贩用崔梅冒充，笔者就曾在某蕙兰展上看到两盆用崔梅冒充的"端梅"。其实，二者区别很大：从草形看，端梅叶质厚硬宽长，比崔梅粗犷些；从排列看，端梅花朵较紧密，崔梅要疏朗些；从花色看，端梅转色较好，崔梅转色较差、花瓣下半部呈粉红色；从捧瓣看，端梅捧头较软不合背，崔梅捧头较硬常合背；从唇瓣看，端梅为如意舌，崔梅是龙吞舌、舌尖上翘；从侧裂片看，端梅的侧裂片外部有红斑，崔梅的侧裂片外部无红斑。

① 端梅株型
② 端梅叶芽
③ 端梅花苞
④ 端梅花朵

崔梅

赤转绿蕙梅瓣。浙江杭州崔怡庭于20世纪20年代末选出。

叶芽浅绿色，锋尖有紫红彩。叶姿半垂，叶宽1厘米左右，叶长45～55厘米，叶脉明亮，叶梢平展，叶色深绿。

花苞翠绿色，头尖，细长，隐约可见淡紫筋纹。花葶淡黄绿色，高约40厘米，常开8～9朵花，小花柄粉紫色，较长。小花蕾头形为巧种门，蜈蚣钳。外三瓣长脚，大圆头，收根放角，瓣端有尖锋，瓣沿紧边，瓣质糯而厚，副瓣一字肩。捧瓣分窠（有时合背），半硬捧，捧兜有黄块。唇瓣为龙吞舌，舌面有鲜艳朱点，能放宕。花色翠绿娇嫩，花瓣根部微红，花品端正。 蕙兰佳种，为"新八种"之一。

③ ① ①崔梅株型
④ ② ②崔梅叶芽
    ③崔梅花苞
    ④崔梅花朵

老兰家说　　**莫把崔梅当作涵碧梅**

涵碧梅是否存世？至今不见确切报道，用崔梅冒充涵碧梅屡见不鲜，有在兰展上展出的，有在网站上叫卖的，也有在杂志上刊照的。涵碧梅的真花笔者未亲眼见过，但从古兰书得知，崔梅和涵碧梅的差别有两点：一是捧瓣，崔梅和涵碧梅虽然都是半硬捧，但崔梅分头合背，涵碧梅五瓣分窠。二是唇瓣，崔梅是龙吞舌，涵碧梅是如意舌。

郑孝荷（丁小荷）

赤转绿蕙荷形飘门水仙瓣。清咸丰年间，丁姓爱兰者选出。

新芽翠绿，顶部有鲜明的红丝纹。叶姿半垂，叶宽约1厘米，长45～55厘米，叶沟呈"U"形，叶缘锯齿细密，叶质厚硬，叶色浓绿有光泽。

花苞粉紫。花葶细挺，高约50厘米，着花5～7朵，小花柄赤红色。小花蕾头形为皱角门，瓜子口。外三瓣收根放角，呈荷形，瓣尖微飘，瓣端有明显的锋尖，瓣质厚，副瓣平肩。捧瓣平边，金黄色，分窠合抱蕊柱，俗称"金捧"。圆缺舌，前端有微小的缺口，形似双舌，舌瓣上朱点十分鲜丽。捧色和舌形是郑孝荷最明显的特征。花色翠绿泛黄，花型中等，久开不变形。是蕙花中难得的珍品。

① ③
② ④

① 郑孝荷株型
② 郑孝荷叶芽
③ 郑孝荷花苞
④ 郑孝荷花朵

 **老兰家说**　　郑孝荷和丁小荷是同一个品种

郑孝荷和丁小荷是同种异名，丁小荷是国内原生种，中国人起的名字；郑孝荷是返销草，日本人起的名字。笔者引种的返销草郑孝荷复花后曾参加江苏（宜兴）首届蕙兰博览会并获银奖，和江南兰苑获金奖的传统老种丁小荷同时展出，经比较二者花品一模一样，从而认定郑孝荷就是丁小荷。

江南新极品

赤转绿蕙梅瓣。1915年浙江绍兴钱阿禄发现，无锡杨干卿培植。所谓江南新极品，是赞誉该种"品位至极"之意。

新芽绿色，芽端乳白。叶姿半垂，叶宽0.7～1.0厘米，长35～45厘米，叶面富光泽，叶尖长而秀气，叶质柔糯，叶色翠绿。

花苞绿底，缀紫筋纹，苞尖红色。花葶色绿而细圆，高45厘米左右，着花6～8朵，花朵疏朗，小花柄上有微粉紫色。小花蕾头形为巧种门，蜈蚣钳。外三瓣长脚，圆头，质厚，紧边，收根，瓣质厚，一字肩。分窠半硬兜蚕蛾捧，蕊柱微露。唇瓣为龙吞舌，兜深，舌根不露，舌面朱点艳丽。花色净绿娇嫩，风韵极佳。为赤转绿蕙梅瓣精品，蕙兰"新八种"之一。

 老兰家说　**江南新极品、老极品的区别**

江南新极品、老极品区别很大：从叶形看，老极品叶姿雄伟而斜立，叶质厚而硬，叶沟深，叶色墨绿；江南新极品叶姿秀气而半垂，叶质薄而软，叶沟浅，叶色翠绿。从颜色看，老极品是绿壳、绿秆、绿花；江南新极品是赤转绿壳，花秆、花柄、花色均带浅紫晕。从花形看，虽然二者都是半硬捧、龙吞舌，但老极品花葶粗壮，瓣阔头圆，捧瓣有时合背；而江南新极品花葶细圆，长脚圆头，五瓣分窠。

①江南新极品株型
②江南新极品叶芽
③江南新极品花苞
④江南新极品花朵

解佩梅（江皋梅）

赤转绿蕙梅瓣。民国初年由上海张姓爱兰者选出。

叶芽绿色，芽尖白头，上有红彩。叶姿半垂，叶宽0.8～1厘米，长40～45厘米，叶沟深，叶断面呈"V"形，叶梢尖长，叶色浓绿，特别有光泽。

花苞绿色，赤转绿明显，隐约可见很少的淡紫筋纹。花葶高约45厘米，梗色翠绿，着花7～11朵，小花柄长，浅红色。小花蕾头形为巧种门，蜈蚣钳。花朵刚出壳时小，随绽放而渐渐增大，显梅门本色。外三瓣长脚，收根放角，瓣沿紧边，瓣质厚，副瓣平肩。分窠白玉蚕蛾捧，捧心背部分开可见蕊柱，舌根不露。大如意舌，浅绿色的舌苔上有紫红斑块。花色净绿，花姿劲挺，花香馥郁，有"红簪碧玉"之美誉。繁殖快，流传多。

老兰家说　　**警惕用解佩梅冒充永春**

2005年，有人用有"红簪碧玉"之美誉的解佩梅，冒充永春参加某省蕙兰展，居然得了金奖。北方某"兰痴"不惜用数万元1苗的天价，购回此"永春"。解佩梅何以能冒充永春呢？原来，解佩梅壮草开花，如果植料带潮，大如意舌会下宕，形似执圭舌（永春是执圭舌），不法兰贩用此冒充永春，欺骗涉足未深的兰友，牟取暴利。

● 解佩梅如意舌下宕（形似执圭舌）

● 解佩梅如意舌

① 解佩梅株型
② 解佩梅叶芽
③ 解佩梅花苞
④ 解佩梅花朵

端蕙梅（秀字）

赤转绿蕙梅瓣。民国初年浙江绍兴兰农诸长生发现，无锡曹姓爱兰者培植。

新芽较细，翠绿色。叶姿斜立，边叶半垂，细狭叶，宽0.8～1.0厘米，长50～60厘米，叶脉粗，叶质厚硬，叶色浓绿有光泽。

花苞绿底赤紫色。花葶细圆，淡黄白色，高50厘米左右，出架，着花7～10朵，小花柄赤紫色，极细长。小花蕾头形为巧种门，蜈蚣钳。外三瓣头圆，收根不细，瓣沿紧边极好，瓣质厚，副瓣微落肩。分窠半硬捧，端正圆润，捧心合抱好，上不见蕊柱背，下不露舌根，如意舌放宕有姿，朱点鲜明。中小型花，花径3.5～4厘米。花色翠绿微泛黄，背有红筋，花形端正。植株寿命长，栽培容易。

①端蕙梅株型
②端蕙梅叶芽
③端蕙梅花苞
④端蕙梅花朵（春华摄）

老兰家说 秀字和端蕙梅是同一个品种

　　20世纪90年代，秀字价格是端蕙梅的3倍，二者同时出现在各地的兰展上。其实，二者除开品有时稍有不同外，花色、外瓣、捧瓣、唇瓣、花葶颜色等均无不同，实为同种异名。我国古兰书皆称之为秀字，并无端蕙梅的记载；而日本皆称之为端蕙梅，并无秀字的记载；我国最早载有端蕙梅的兰书是1984年出版的《兰花》（沈渊如等），其中没有秀字的记载。这也足以说明：秀字和端蕙梅是同一个品种。

大陈字（赤砚字）

赤转绿蕙官种水仙瓣。清乾隆年间，由浙江嘉兴陈砚耕选出。

新芽浅白绿色，芽尖有紫红彩。叶姿直立性强，微垂，宽0.8～1.2厘米，长45～50厘米，叶沟呈"U"形，边缘有细锯齿，叶色深绿。

花苞绿色，有红筋纹。花葶细长，高40厘米左右，花葶有紫红晕，小花柄细长，淡紫红色。小花蕾头形为巧种门，小平切。花型大，展绽直径5～6厘米，外三瓣质糯，副瓣微落肩。捧瓣雄性化弱，为浅软兜，兰株不壮时常开"滑口"。大柿子舌，白绿苔上有浅紫色斑块。此种目前流传极少。

① 大陈字株型
② 大陈字叶芽
③ 大陈字花苞
④ 大陈字花朵

 老兰家说　何为官种水仙

所谓官种，即捧瓣雄性化较弱，瓣尖部没有白头或微有浅兜者，俗称"滑口"。所谓官种水仙，即捧瓣雄性化较弱，瓣尖部没有白头或微有浅兜的水仙瓣花，俗称"滑口水仙"。官种水仙开品变化很大，兰株较弱时开品较差，外三瓣狭长，捧瓣无兜，近似行花。

荣梅（锡顶）

赤转绿蕙梅瓣。民国初年江苏无锡荣文卿选育。

新芽翠绿色，芽尖有红彩。叶姿半垂，叶宽0.8厘米，叶长35～40厘米，叶质厚，叶沟较深，叶色翠绿有光泽。

花苞绿底，缀紫筋纹，锋头有白尖。花亭高出叶架，花葶绿底粉紫，着花6～11朵，小花柄浅紫色。小花蕾头形为巧种门，蜈蚣钳。外三瓣长脚圆头，略紧边，瓣质厚。半硬捧，捧瓣分窠。小龙吞舌。花型中等，花色翠绿。为蕙兰"新八种"之一，存量极少。

老兰家说　　荣梅珍稀，谨慎购买

荣梅十分珍稀，仅在无锡地区有少量存世。从日本引种回来的所谓"荣梅"，都是假的，有的是崔梅，有的是江南新极品。国内不法兰贩大多用解佩梅冒充。

①荣梅株型
②荣梅叶芽
③荣梅花苞
④荣梅花朵（吴立方摄）

（四）素心花

金㟟素（泰素）

素蕙荷形竹叶瓣。清道光年间产于浙江余姚金㟟山中。

新芽翠绿。叶狭而直立，叶梢尖不弯。长35～45厘米，宽0.8～1厘米，叶色淡黄绿。

花苞为淡水绿色，沙晕极佳。花苞形状端正，苞片紧裹。花葶绿白色，细圆高挺，俗称灯草梗，长45～60厘米，着花7～9朵。小花蕾头形为行花门，尖头形。外三瓣竹叶瓣荷形，外三瓣略向内抱，副瓣平肩。蚌壳捧合抱蕊柱，形态端庄。大卷舌铺满绿苔。花色翠绿俏丽，冰清玉洁。开30余天，花形、花色均不变，是目前流传蕙花素心花中最佳品种。

老兰家说　　如何种好金㟟素

金㟟素在蕙兰中是最娇气的，特别容易焦尖。养护中要注意：要阴养，光照过强时叶片易焦尖；要素养，不宜浓肥，肥料浓度过大时叶片易焦尖；要注意植料不宜过干，否则叶片容易焦尖；要注意空气湿度，养兰场所不宜干燥，湿度太低时叶片易焦尖；植料要疏松，植料板结、不疏松沥水时叶片易焦尖。

① 金㟟素株型
② 金㟟素叶芽
③ 金㟟素花苞
④ 金㟟素花朵

温州素

素蕙荷形柳叶瓣。民国初年在浙江温州发现。

新芽白绿色，有绿筋纹。株型雄伟，叶姿高大，半垂，叶宽0.8～1厘米，长50～60厘米，叶质厚硬，叶缘齿粗，叶色深绿有光泽。

花苞浅白色。花葶绿白色，细圆，长45厘米，着花8～10朵，小花柄浅绿色。小花蕾头形为行花门，尖头形。外三瓣呈柳叶形，紧边质厚，副瓣平肩。花色淡绿，花型大，展绽直径达8厘米以上。剪刀捧，大卷舌，舌苔绿色稍带黄色。绿蕙素心花中最雄伟之大花。

①温州素株型
②温州素叶芽
③温州素花苞
④温州素花朵

老兰家说　**温州素有何特色**

温州素有两大特色：一是叶姿雄伟。在蕙兰中温州素的株型是非常雄伟高大的，堪与"赤蕙之王"程梅的株型相媲美。二是花型硕大。温州素的花型大，展绽直径达8厘米以上，在蕙兰中也是"大个子"。

翠定荷素（宝蕙素）

素蕙荷形竹叶瓣。选育历史不详。

新芽绿色。叶姿半垂，叶宽0.8～1.0厘米，长40～55厘米，叶沟浅，叶色翠绿有光泽。

花苞白绿色，略尖长。花葶淡翠绿色，高50厘米，着花8～10朵。花型大，绽放直径7～8厘米。小花蕾头形为行花门，尖头形。外三瓣竹叶瓣荷形，初放时花瓣短阔，渐开则放脚伸长。瓣质稍厚。剪刀捧，略微尖长，捧瓣合抱。大卷舌，绿白苔，卷曲呈波状。花色净绿，香气袭人。

老兰家说　传统蕙兰素心花"四大名花"指哪些

传统蕙兰素心花"四大名花"是指金岙素、温州素、翠定荷素和江山素。它们的花形均为竹叶瓣荷形，其中金岙素品位最高、捧瓣为蚌壳捧，其余三品捧瓣均为剪刀捧。江山素为蕙花素心花中花型最大者，展绽直径约9厘米。温州素为蕙兰素心花中株型最雄伟者。

● │ 江山素

②	③
①	④

① 翠定荷素株型
② 翠定荷素叶芽
③ 翠定荷素花苞
④ 翠定荷素花朵